Al Imfeld

Elefanten in der Sahara

Al Imfeld

Elefanten in der Sahara

Agrargeschichten aus Afrika

herausgegeben von Lotta Suter

Rotpunktverlag

Alle Zitate aus nicht auf Deutsch erschienenen Texten wurden von Al Imfeld übersetzt.

www.rotpunktverlag.ch

Illustrationen: Makonde-Holzschnitte aus Mosambik, ausgewählt von Maja Zürcher, mit freundlicher Genehmigung von Gerhard S. Schürch, Atelier & Éditions Dendron, Chabrey
Karte: Ulrike Groeger
Satz: Patrizia Grab
Druck und Bindung: fgb · freiburger graphische betriebe · www.fgb.de
ISBN 978-3-85869-404-1

1. Auflage

Inhalt

Vorwort: Fenster auf Afrika

Das Folgende sind Momentaufnahmen aus der 50 000-jährigen Agrargeschichte des Kontinents Afrika, auf dem die Menschheit wahrscheinlich vor etwa 1 Million Jahren entstand.

Ich erhebe nicht den Anspruch, diese sehr lange Geschichte Afrikas auf wenigen Seiten zusammenfassen zu können. Die sechs Kapitel und die einzelnen Geschichten dieses Buches zeichnen vielmehr das Bild Afrikas nach, wie es sich im Laufe der Geschichte in agrarischen Vorgängen und den Vorstellungen davon spiegelt. Die frühen europäischen Forscher, die Kolonialisten, eine jüngere Generation afrikanischer Wissenschaftler und nicht zuletzt die Bauern und Bäuerinnen selbst haben die afrikanische Agrarkultur je verschieden interpretiert. Meine Texte kreisen um Glauben, Annahmen, Vorurteile oder gar Projektionen, die oft den Blick auf eine in Wirklichkeit sehr vielseitige afrikanische Landwirtschaft verstellt haben. Selbst Wissenschaft ist vom Zeitgeist abhängig; das gilt besonders bei emotional so befrachteten Themen, wie es die Landwirtschaft und Afrika beide sind.

Man würde wohl auch auf anderen Kontinenten eine Archäologie und Geschichte finden, welche lediglich die eigenen Vorurteile rechtfertigt und bestätigt. Doch hier geht es um Afrika, das »dunkle Afrika«, aus dem nie wie etwa aus dem Osten ein Licht zu uns in den Westen drang, ein Kontinent, dem kein Fortschritt zugestanden wird. In Afrika hat die Forschung immer nur das gefunden, was sie bereits glaubte. Die sechs folgenden Kapitel öffnen sechs Fenster hin zu Afrikas Land und Leuten.

Eine eigene Geschichte. In Afrikas Agrargeschichte wurde bis in die jüngste Zeit ungeniert mit Mythen operiert. Denn dem »prähistorischen« Kontinent wurde keine eigene Geschichte zugetraut. Selbst die Datierungen der Archäologen, von denen man annehmen konnte, dass sie auf objektiven Messungen beruhten, waren von Mythen, etwa von der zu wörtlichen Interpretation der biblischen Zeitalter, geprägt. Auf dem afrikanischen Kontinent müssen heute die meisten historischen Annahmen über die Entstehung der Landwirtschaft revidiert werden. Und die neue Datierung ist eng mit der Entkolonialisierung verknüpft.

Ausgrabungen. Die französischen Archäologen in Afrika waren davon überzeugt, dass unter der Oberfläche dieses Kontinents nichts zu finden ist. Weil Afrika keine Geschichte zugestanden wurde, grub man also nicht in die Tiefe und fand daher auch nichts. Man kratzte lediglich an der Oberfläche, um sich die eigenen Annahmen oder Hypothesen zu bestätigen.

»Stammesgeschichten«. Auch Darwins Evolutionstheorie wurde bezüglich Afrika mythisch missverstanden. Vor allem im angelsächsischen Raum populär war die These von der äffischen Abstammung des Menschen. In Afrika nun sah man – anders als in Europa – Affen zuhauf in Urwäldern und auf Feldern, also wurde unterstellt, dass die ebenfalls in dieser Gegend lebenden Afrikaner direkt von den Affen abstammten und also noch so etwas wie Halbaffen seien. Daher konnte Afrika noch gar nicht Teil der Geschichte sein, denn diese setzt erst mit dem Menschen ein. So kam es, dass die in Zentralafrika vorgefundenen Menschen erst einmal als Stammesmenschen angesehen wurden. Um diese Stämme zu studieren, wurde in der Kolonialzeit die Ethnologie geschaffen. Forschungsobjekt war der geschlossene einheitliche Stamm; und stammweise wurden auch Religion und Sozialleben untersucht, Individualität interessierte kaum. So entstanden zum Teil fantastische Porträts von Stämmen, mit denen die Kolonialverwaltungen dann ihren Herrschaftsanspruch legitimierten.

Agrarwirtschaften. Die Kolonialisten hatten ein großes Interesse daran, ihre Landnahme zu rechtfertigen. Es wurde den Afrikanerinnen und Afrikanern daher ein primitives Agrarverhalten unterstellt, das ein Eingreifen der weißen Kolonialisten notwendig machte. Man bemühte sich nachzuweisen, dass diese Stammesmenschen erst auf der Stufe des Jägers und Sammlers standen. Oder dass sie noch keinen festen Landbegriff kannten, sondern Nomaden waren. Jedenfalls musste man sie zivilisieren und sesshaft machen, um sie eine fortgeschrittene europäische Landwirtschaft zu lehren.

Landschaften. Wenn Forscher und Archäologen vom religiösen Glauben geprägt sind und an einen einzigen Ursprungsort der Schöpfung glauben, können sie gar nicht anders als zu einer Ausbreitungstheorie, Diffusionismus genannt, gelangen. Für diese Denkrichtung hat sich alle Kultur und Zivilisation aus dem Nahen Osten über Ägypten nach und nach ins Innere Afrikas ausgebreitet. Andere Entwicklungen und Mischungen und Wanderungen passen nicht in dieses Bild. Der biblische Schöpfungsmythos verdeckt hier die agrikulturelle Vielfalt der afrikanischen Hügel und Höhlen zwischen Wüste und Meer.

Pflanzen und Tiere. Wer also von einem einzigen Ursprungsort ausgeht und diesen Ort im Zwischenstromland zwischen Euphrat und Tigris vermutet, der wird auf dem afrikanischen Kontinent gar nicht nach Ursprungsorten von Kulturpflanzen oder Haustieren suchen. So konnte Anfang der 1970er-Jahre selbst der anderweitig geniale Haustierforscher Helmut Epstein keine domestizierten Tiere in Afrika finden. Noch unbeholfener sind die Agrarhistoriker im Umgang mit den Knollenfrüchten. Sie können sich nicht vorstellen, dass in den Feuchtwäldern und Savannen Westafrikas mit der Yamszüchtung Landwirtschaft begonnen wird. Unbeachtet bleiben auch Maniok, Süßkartoffel und viele unter dem Boden verborgene Früchte.

Zurück zum Thema Wissenschaftsgeschichte: Jede wissenschaftliche Entdeckung und jede Ausgrabung muss interpretiert werden. Und jede dieser Deutungen ist eine schwierige intellektuelle und assoziative Arbeit und anfällig für vorschnelle Urteile und Missverständnisse. Doch eine Interpretation muss die rein quantitative Wissenschaft begleiten, wenn diese nicht einfach mit zerbrochenen Scherben und Töpfen dastehen will. Ein Stück Deutungsarbeit passiert auch in meinem Buch. Ich lege meine Notizen und Einsichten jedoch nicht als Dogma vor, sondern als Anregung zum Weiterdenken und als Beitrag zur Entkolonialisierung auch der Geschichtsschreibung.

1.
Eine eigene Geschichte

Zwischen Bibel und Marx

Man glaubt es heute schon nicht mehr, dass Afrikas Agrargeschichte so lange zwischen der Heiligen Schrift und Karl Marx eingeklemmt war.

Der Philologe und spätere Archäologe Vere Gordon Childe (1892–1957), ein Australier, für den die Bibel noch ein Geschichtsbuch war, konnte derart faszinierend über den Beginn der Landwirtschaft schreiben, dass seine Bestseller die Schulbücher der ganzen Welt nach dem Zweiten Weltkrieg beeinflusst haben. Seine Thesen über den Beginn der Landwirtschaft und die damit verbundene Kulturrevolution wurden nicht nur unkritisch übernommen, sondern prägten den westlichen wissenschaftlichen Ansatz der afrikanischen Agrargeschichte bis ans Ende des 20. Jahrhunderts. Ja, selbst heute noch liegen seine Schriften an den US-amerikanischen Universitäten auf.

Zu Beginn der 1960er-Jahre waren Childes Bücher in den USA Pflichtlektüre für jeden Agronomiestudenten. Nummer eins auf der Leseliste war *The Dawn of European Civilisation* (Der Beginn der europäischen Zivilisation). Dieses Werk erschien 1958, dreißig Jahre nach seinem ersten Erfolgstitel *The Most Ancient East* (Der älteste Osten). Childe hatte es verstanden, Wissenschaft und Bibel zugleich zu popularisieren. Er legte stets etwas Mystik und Esoterik, dazu viel Chauvinismus und »Westerness« in sein Schreiben. Wegen Vere Gordon Childe fiel ich 1966 an der Northwestern University in

Evanston/Chicago in Agrargeschichte durch. Ich hatte nicht bloß an seinen Hypothesen gezweifelt, sondern die Behauptung, Afrika kenne keine eigene Landwirtschaftsgeschichte, weil diese erst mit den Kolonialisten gekommen sei, ganz generell zurückgewiesen. Ich schwor damals wütend, dass ich meine Meinung eines Tages mit einer afrikanischen Agrargeschichte belegen würde.

1966 hatte ich leider noch nichts von Nikolai Iwanowitsch Wawilow gewusst. Wie hätte ich ihn auch kennen können? Er war Russe und forschte am Allunionsinstitut für Angewandte Botanik (später Allunionsinstitut für Pflanzenzucht) in Moskau. Wawilow (1887–1943) war ein engagierter kommunistischer Forscher der ersten Generation. Er studierte Landwirtschaft, erhielt 1913 vom Moskauer Agrarinstitut ein Stipendium zur Vertiefung der Agrarforschung in London, arbeitete unter dem Mendel-Schüler William Bateson und unter Francis Darwin, einem Sohn von Charles Darwin. Zurück in Moskau, wurde Nikolai Wawilow 1917 Professor für Angewandte Botanik. Sein mit Leidenschaft verfolgtes Forschungsgebiet wurde der Ursprung der Landwirtschaft auf unserem Planeten. Wawilow gilt als ein Mann, der an allem, was mit Agrargeschichte zusammenhing, interessiert war, von der Botanik und Nomenklatur bis hin zur Linguistik und Archäologie. Ihn faszinierten alle Zusammenhänge, denen Pflanzen ausgesetzt waren. Man nannte ihn öfters einen Renaissancemenschen.

Doch Wawilow geriet immer mehr ins politische Gerangel seiner Zeit: Lyssenko, ein Kollege, aber auch Intrigant, ersetzte ihn zunächst am Institut. Stalin klagte Wawilow an, zu viel zu reisen und zu wenig nach sowjetischen Interessen in der Landwirtschaft zu forschen. Auf einer Forschungsreise in die Ukraine wurde Wawilow schließlich verhaftet, der Spionage angeklagt und in ein Gefängnis der Stadt Saratow geworfen, wo er am 20. Januar 1943 wahrscheinlich an Hunger starb.

Bereits 1926 war Wawilows Klassiker über die Ursprungszentren der Kulturpflanzen erschienen. Darin postulierte Wawilow drei ursprüngliche Zentren für die menschliche Landwirtschaft. Eines davon war die äthiopische Hochebene. Damit hatte er Afrika in die globale Agrargeschichte hineingebracht. Kurz nach Erscheinen des Werks nannte er bereits fünf solche Zentren. Nach ausgedehnten Forschungsreisen 1929 bis 1930 fand er sieben, 1935 gar acht mögliche Ursprungsorte. 1940 legte er sich auf sieben Zentren fest. Dabei waren jedoch stets zwei dieser Orte auf dem afrikanischen Kontinent; Mali, Senegal, Casamance und Sierra Leone waren zum einzigartigen Äthiopien als Großzentrum hinzugekommen.

Meine amerikanischen Agronomieprofessoren hätten Nikolai Wawilow eigentlich kennen müssen. Aber es herrschte Kalter Krieg und Wawilow war Kommunist. Das Opfer dieses Ideologiedenkens war stets die Wissenschaft. Wawilow wurde nicht ins Englische übersetzt, er war den Studenten, die kein Russisch konnten, also kein Begriff. Erst 1987 brachte die Cambridge University Press eine verkürzte englische Ausgabe mit einigen wissenschaftlichen Beiträgen von Wawilow unter dem Titel *Origin and Geography of Cultivated Plants* (Ursprung und Geografie der Kulturpflanzen) auf den westlichen Markt.

Wir haben also Bibel gegen Marx – selbst wenn es um die Agrargeschichte geht.

Der von der Bibel geprägte Vere Gordon Childe verbreitete folgende Behauptungen oder Annahmen oder Hypothesen:

- Landwirtschaft wurde vor etwa 10 000 Jahren »erfunden«;
- Landwirtschaft ist der Übergang von der Sammler- und Jäger-Stufe zum Hackbauern;
- Landwirtschaft ist der Übergang von der Alt- zur Jungsteinzeit (mit dem Neolithikum als Schlüsselbegriff);

- alle Landwirtschaft begann im »fruchtbaren Halbmond« zwischen Euphrat und Tigris;
- Landwirtschaft kam über Anatolien, die Türkei und den Balkan nach Europa.

Mit keinem Wort erwähnt Childe, dass es auch eine Landwirtschaft in Afrika – und zwar nicht nur in Ägypten – gibt.

Nikolai Wawilow hingegen gründete seine agrargeschichtlichen Thesen auf Darwin, der den Begriff Ursprungszentrum *(center of origin)* als Erster benutzte. Wawilow ging in seinen Forschungen über Pflanzengattungen, -arten und -familien sehr differenziert vor. Er suchte nicht bloß in einer bestimmten Gegend, sondern auch in der nahen und weiteren Umgebung nach verwandten Wildlingen. Und er korrigierte sich beständig.

Wawilow wich dem Begriff »Ursprungszentrum« immer mehr aus, denn dieser Begriff engte ein; er konnte tendenziös ausgelegt werden oder machte sich verdächtig, zu eng bei Darwin zu liegen. Der russische Forscher benutzte nun öfter die Begriffe »Fokus« und (ökologische) »Zone«, denn es konnte sich niemals um einen Punkt handeln, sondern es ging um großflächige Gegenden, die etwas gemeinsam hatten. Wawilow beschäftigte sich immer mehr mit dem großen Kontext und der Frage, wie sich innerhalb eines solchen Feldes alles gegenseitig beeinflusste. Wawilow war niemals nur Botaniker, sondern auch einer, der Menschen und ihre Geschichte, andere Pflanzen und Tiere einbezog. Für ihn hatten alle Pflanzen eine eigene Geschichte, zusammen mit Tieren und Menschen der Gegend. Eine Kulturpflanze war nie bloß eine genetische Angelegenheit. Er sah den Beginn der Kultivation oder Züchtung als »gigantisches Interaktionsspiel« – vielleicht sogar ohne klaren Anfang.

Der Schweizer Botaniker Alphonse de Candolle war es, der Wawilow den Impuls gab, nach »weiteren Orten des Ursprungs der Landwirtschaft« zu suchen und zu erforschen, wie sich Pflanzenzüchtungen geografisch verbreiten, wie weit Pflanzen selbst Wandel und Wanderung beeinflussen. Wawilow widmete de Candolle 1926 denn auch sein großes Werk.

Wawilows erste Forschungsreise ging nach dem Iran und Innerasien. Nachdem er fast ganz Asien und den Fernen Osten in stets großflächiger Abdeckung durchsucht hatte, machte er sich nach Afrika auf. Es war fast zufällig – wegen der politischen, das heißt marxistischen Verbindungen der betreffenden Regimes –, dass er nach Äthiopien kam. Wawilow verbrachte in Äthiopien ein ganzes Semester mit einem großen Team – sein Institut hatte auf dem Höhepunkt über 400 Wissenschaftler, Assistenten, Praktikanten. Nachdem er in Afghanistan, in der Mongolei und in Sibirien geforscht hatte, kam es ihm, wie Mitarbeiter berichteten, in Äthiopien vor, als befände er sich in einem außerirdischen Bereich. Hier musste er feststellen, dass, im Gegensatz zu allen asiatischen Gegenden, wenig Einfluss von außen stattgefunden hatte, dass Menschen hier Pflanzen aus eigenem Antrieb und nur mithilfe der Geologie und des Klimas in Zucht genommen hatten. Vier Prozent aller kultivierten Pflanzen der Erde fanden sich nur auf diesem kleinen Hochland, das musste den Forscher faszinieren.

Nikolai Wawilow bedauerte es außerordentlich, dass er keine weitere Forschungsreise auf dem afrikanischen Kontinent machen konnte. Selbst seinen Schülern verwehrte das koloniale Frankreich den Zutritt zur Sahelzone und dem Nigergebiet. Gewissermaßen zum Trost verlieh man ihm die Mitgliedschaft in der Académie française.

Agrarforschung gehörte stets zum sensiblen Bereich der Sicherheitspolitik. Während des Zweiten Weltkrieges und des Kalten Krieges etwa wichen Forscher auf quantitative Forschung aus und ließen die Geschichte größtenteils weg. Agronomen in der ganzen Welt tendieren dazu, ahistorisch zu denken, und sind gerade deshalb anfällig für eine unsachliche und zuweilen rassistische mythische Interpretation der Vergangenheit. Vielleicht ist diese Geschichtslosigkeit mit ein Grund dafür, dass ein Bestseller über den syrischen Ausgrabungsort Abu Hureyra unter dem Titel *Farmers of the World* (dt. *Die Bauern der Welt*, herausgegeben von G. Hillman et al.) noch im Jahr 2000 unbeschwert schreiben kann: »Die ersten Bauern findet man in Mesopotamien.«

Der neolithische Sprung

Das große magische Wort in der Agrargeschichte heißt »neolithisch«. In der Paläontologie bezeichnete »neolithisch« einmal eine Entwicklungsphase. Doch dann kam Vere Gordon Childe und setzte den Begriff in die alttestamentliche Schöpfungsgeschichte ein. Als Gott mit der Schöpfung begann, war die neolithische Zeit gekommen. Mit diesem Zauberwort schafften Völker, Regionen oder gar Kontinente – immer nach Childe – den Übergang zur Agrarkultur; auf diesen neolithischen Sprung mussten sie kommen, damit die Landwirtschaftsgeschichte einsetzen konnte.

»Neolithisch« ist ein verwirrender und unklarer Begriff, aber er ist in jedem westlichen Geschichtsbuch zu finden und verweist auf den historischen Sprung oder das Ereignis der neolithischen Revolution im Zweistromland, im »fruchtbaren Halbmond«. Vorher war in der Welt scheinbar alles bloß ein Durcheinander, ein Hin und Her, und es gab bloß Nomadismus oder das Jagen und Sammeln zum Überleben. In der neolithischen Periode erst beschlossen die Menschen, sesshaft zu werden und Graminäen zu kultivieren, um nach und nach zum Weizen zu gelangen. Nun endlich – so der mythische Glaube von Childe – nahm die Geschichte, wie wir sie kennen, endlich ihren Anfang.

In der westlichen Agrargeschichte hat also der Australier Childe den Begriff an den Beginn gesetzt; für ihn schloss »neolithisch«

Fortschritt (nicht aber Evolution) mit ein. Bedauerlicherweise ging Childe ideologisch vor; er ging von einer biblischen Schöpfung aus, die er auf siebentausend bis achttausend Jahre BP festlegte. (*Before Present* heißt »vor unserer Zeitrechnung«; diese Bezeichnung wird heute in der Archäologie meistens verwendet.) Gemäß Bibel mussten der Nahe und der Mittlere Osten – der Schauplatz des Alten Testaments – Ursprungsort aller Landwirtschaft sein. Childe und viele westliche Forscher seiner Zeit hatten kaum eine Ahnung von anderen Kulturen außerhalb Europas und Nordamerikas. Und bestimmt wussten sie nichts von Afrika.

Dazu kam, dass die europäischen und US-amerikanischen Wissenschaftler von einer genau datierbaren Steinzeit ausgingen. Ihre Sichtweise war deshalb statisch und viel zu ausschließlich auf Steinbearbeitung ausgerichtet (Holz zerfällt rascher). Sie waren darüber hinaus auf den symbolisch überfrachteten Pflug oder bestimmte Formen von Hacken fixiert. Wenn »neolithisch« so isoliert und zeitfixiert verstanden wird, ohne räumliche Verortung, wird es zu einem geschichtslosen – also mythischen – Begriff.

Auch die Forscher, die in Südafrika arbeiteten, wollten stets alles in dieses neolithische Schema zwängen. Wenn das nicht möglich war, begannen sie wissenschaftliche Unter- oder Oberstufen zu schaffen, sodass nach und nach ein totales Durcheinander entstand. Es wurde eine Sangoan-Zeit postuliert, um Westafrika in die mittlere Steinzeit zurückdatieren zu können, derweil die neolitische Periode für Kenia anders angepasst werden musste.

Heute haben wir das reinste Begriffschaos, erstens zwischen der frankofonen und der anglofonen Bezeichnung, zweitens zwischen Paläontologen und Frühhistorikern und drittens zwischen fundamental-ideologischen und kontextuell-historischen Schulen. Im Lauf der Forschungen erwies sich, dass der Begriff »neolithisch« nicht zu Westafrika passt. Die Forscher in Ostafrika ihrerseits turnten auf dem Begriff herum und entwickelten stets neue Unterkategorien. Im südlichen Afrika fand der Begriff »neolithisch« via die Archäologieforschung der Familie Leakey gar den Weg in die Apartheidpolitik. Dieser wissenschaftliche Ansatz ging davon aus, dass »die südafrikanischen Neger« den neolithischen Sprung noch nicht gemacht hatten. Die rassistische Politik leitete davon ab, dass die Bantu (oder allgemeiner: die Schwarzen) zur Landwirtschaft noch unfähig seien, und man nahm ihnen kurzerhand das Land weg.

Einige britische Wissenschaftler verließen schließlich die festgefahrenen Begriffe und begannen, geschichtliche Zeiträume neu zu definieren. Die Sangoa-Periode etwa wurde aufgrund klimatischer Gegebenheiten festgelegt. Auch französische Forscher neigten immer mehr zu klimatischen Bestimmungen; in Westafrika wurde in der Folge die erste Trockenperiode auf 40 000 BP festgelegt.

Zwischen 1937 und 1954 machten britische Forscher unter Thurstan Shaw bei Asokrochona in Ghana Ausgrabungen und fanden Pickel, Äxte und Zweispitze, die 20 000 bis 30 000 Jahre alt waren. Wofür haben die Menschen damals solche Werkzeuge benutzt, wenn nicht für eine Form der Landwirtschaft? Dieser Frage sind die britischen Forscher ausgewichen, denn damals, Ende der 1930er-Jahre, konnte es noch gar nicht sein, dass Afrika eine Landwirtschaft entwickelt hatte. Die afrikanischen Menschen hatten schließlich den neolitischen Sprung noch nicht gemacht. Also wurde bei den Ausgrabungen in Asokrochona – wie auch bei anderen Funden aus dieser Zeit – nie über Agrarkulturen geschrieben.

Noch etwas hatte das Aufbrechen der bibelfixierten neolithischen Zeitrechnung, welche für die ganze Welt als absolut vorausgesetzt wurde, zur Folge: Die afrikanischen Datierungen, stellte sich heraus, waren alle verzerrt und mussten früher angesetzt werden. So hatte die Wissenschaft die Felsmalereien in Südafrika und Simbabwe auf weniger als 8000 Jahre geschätzt. Heute hingegen ist allgemein anerkannt, dass die Zeichnungen mindestens 30 000 Jahre alt sind, jedoch immer wieder übermalt oder erweitert wurden.

Der Begriff »neolithisch« diente als Zwangsjacke oder Barriere, die es den Forschern erlaubte, eine eigenständige afrikanische Agrargeschichte entweder zu negieren oder zu umgehen. Besonders in Südafrika, Namibia und Simbabwe müssen die meisten Datierungen, die vor 1990 vorgenommen wurden, mit größter Skepsis behandelt werden. Es ist interessant, dass mit dem Fall des Apartheidregimes nicht bloß die gegenwärtige Bevölkerung, sondern auch Afrikas lange Agrargeschichte befreit wurde.

Schwarze Pharaonen

Auf dem Weg zur Unabhängigkeit gingen Afrikas Intellektuelle zusammen mit Dichtern und Musikern auf die Suche nach der Vergangenheit. Es war nicht nur eine heikle, sondern auch eine verworrene Suche, denn alles schien vorgegeben. Die Außenwelt ging davon aus, dass alles Zivilisatorische auf afrikanischem Boden tatsächlich von außen, aus dem Osten, kam – *ex oriente lux*. Die ägyptische Kultur und Sprache wurde von den Wissenschaftlern weltweit als semitisch kategorisiert. Das Ägypten der Pharaonen war demgemäß ein Ableger semitischer und hamitischer Kultur und ging von Persien und Israel beziehungsweise Palästina, dem Libanon und der Zweistromkultur aus. Diese geballte Kultur von Salomon oder der Königin von Saba und von Ninive ist nach dieser Vorstellung wie Milch und Honig in den afrikanischen Kontinent geflossen. Man nannte diese Theorie Diffusionismus.

Solch ein Fließen in die Dunkelheit hinein war natürlich mit Mythen verbunden. Der Deutsche Leo Frobenius (1873–1938) ging diesen Mythen, Sagen und Fabeln nach. Er war einer der schillerndsten Ethnologen am Übergang vom 19. zum 20. Jahrhundert. Der preußische König Wilhelm II. zahlte Frobenius eine Expedition nach der anderen – nach Ägypten, in den Sudan, nach West- und Südafrika. Einerseits wollte Frobenius das alte, verschwundene oder auseinandergebrochene Atlantis nachweisen, andererseits glorifizierte er das Ägypten der Pharaonen. Er war ein Bonvivant, der große, nächtelange Feste mit der lokalen Bevölkerung organisierte und sich dabei Geschichten aus ihrer Erinnerung oder aus dem Unbewussten erzählen ließ. Der Europäer ahnte kaum, dass die befragten Menschen ihn hereinlegten. Die Forschungsobjekte merkten rasch, was Frobenius alles hören wollte, und zu seiner Selbstbestätigung gaben sie ihm gegen einen guten Trunk gerne das, was er brauchte. Frobenius wurde als Forscher sehr populär; er konnte alle deutschen Träume und Vorurteile mit seinen Geschichten bestätigen. Er glorifizierte Ägypten über alle Maßen. Viele unserer heutigen ägyptischen Träume gehen auf die fantastischen Geschichten von Frobenius zurück.

Yambo Ouologuem, ein Schriftsteller aus Mali, hat Frobenius 1968 in seinem ersten Roman *Le devoir de violence* (dt. *Das Gebot der Gewalt*, 1969) parodiert. Schrobenius, wie sein Held heißt, unternimmt alles, um den Kriechern und Mächtigen zu gefallen, und um ihnen mit der »Tradition« ein mächtiges Mittel zur Rechtfertigung ihrer Grausamkeit zu geben.

Frobenius diametral entgegengesetzt stand Cheikh Anta Diop (1923–1986), ein Senegalese, der ebenfalls stark mystisch und visionär dachte. Diop war Dichter und gleichzeitig ein Hobbyethnologe, der sein ganzes Leben lang Spuren sammelte mit dem einen Ziel, zu beweisen, dass die Ägypter mit den senegalesischen Wolof verwandt sind und dass daher Ägyptens Sprache und Hieroglyphen, selbst seine Landwirtschaft und Kultur, auf die Wolof zurückzuführen sind. Ja, in seiner Begeisterung konnte er ausrufen: »Die ägyptischen Pharaonen waren Neger.«

Anfänglich bezeichneten die meisten Wissenschaftler Cheikh Anta Diop als Spinner und verwiesen ihn in die Kategorie der Selektionisten, das heißt Menschen, die für die Bestätigung ihrer Thesen bloß das sammeln, was ihnen recht gibt. Diop sammelte Steine,

Scherben, Inschriften und Sprachreste, später ließ er gar eine größere vergleichende Blutanalyse machen und stellte fest, dass Ägypter und Wolof beide der Blutgruppe B angehören und daher verwandt sein müssen.

Diop hatte bereits während seines Studiums in Paris diese Abhängigkeit zwischen Wolof und Ägypten im Auge; 1951 verfasste er eine entsprechende Dissertation an der Sorbonne. Man wies die Doktorarbeit erst ab, doch er modifizierte seine Ansichten neun Jahre lang und doktorierte 1960 erfolgreich. Seine Geschichtsauffassung veröffentlichte er bereits 1955 unter dem Titel *Nations nègres et culture* (Die schwarzen Nationen und die Kultur). Später arbeitete Diop als Direktor des IFAN (Institut Fondamental d'Afrique Noire), eines Instituts in Dakar, das sich mit Afrikas Ursprüngen beschäftigt. Sein größter Triumph kam, als er 1974 zu einer UNESCO-Konferenz nach Kairo eingeladen wurde. Man setzte dort den Grundstein zur achtbändigen *General History of Africa* (Allgemeine Geschichte Afrikas). Im Rahmen dieses angesehenen Projektes konnte Diop seine These ausbreiten. Von da an wurde er ernst genommen.

Weder Frobenius noch Diop waren groß an Landwirtschaft interessiert. Dennoch haben beide Ethnologen wichtiges Material und auch Grundlagen zur Erforschung der Geschichte afrikanischer Landwirtschaft geliefert. Der Diffusionismus gilt heute als widerlegt. Nun sieht man es eher umgekehrt: Ägypten wurde von Schwarzafrika aus beeinflusst. Die Hypothesen der Forschung haben sich gewendet; nun muss Schritt für Schritt sozusagen die Umkehr erforscht werden; leicht ist es nicht, denn alles »wissenschaftliche« Grundlagenmaterial bis Ende der 1960er-Jahre, das heißt bis zur Entkolonialisierung, ist im Hinblick auf die diffusionistischen Annahmen der weißen Forscher gesammelt worden. Europa bestimmte, was Afrika war – und was es sein konnte.

Prähistorisches Afrika

Manchmal können große Denker missbraucht und als Zeugen für etwas herbeigezogen werden, das sie ganz und gar nicht in ihrem Blick hatten. Ich denke besonders an zwei ganz verschiedene Denker des 18. und 19. Jahrhunderts, nämlich an den deutschen Philosophen Immanuel Kant (1724–1804) und an den britischen Biologen Charles Darwin (1809–1882). Beide Männer waren nicht nur geistige Koryphäen, sondern auch Kinder ihrer Zeit. Niemand kann dem Zeitgeist ganz entrinnen.

Kant beschränkte sein Geschichtsverständnis auf Reiche und Staaten, auf Kaiser und Könige, auf Päpste und Bischöfe, auf Adelige und Feudalherren. Aus dem Wissen seiner Zeit heraus war ihm klar, dass Afrika von alldem nichts besaß, also ahistorisch war. Seine Vorurteile wurden lange nach seinem Tod noch von der Politik des Kolonialismus aufgegriffen.

Auch Darwin trug mit seiner Evolutionslehre zum Unterbau für die Idee eines »prähistorischen Afrika« bei. Er lehrte die Entwicklung der Arten und Gattungen, darin eingeschlossen auch der Rassen. Der Kolonialismus interpretierte Darwins Theorie dahingehend, dass Afrikas Menschen noch gar keine eigentlichen Menschen seien, sondern entweder affenähnliche Wesen oder noch im Entwicklungsprozess befindliche Kinder. Der Begriff »Evolution« wurde dem Begriff »Geschichte« vorangestellt. Popularisiert bedeutete also Darwins Theorie, dass Afrikas Vor-Menschen noch keine Geschichte und insbesondere auch keine Agrargeschichte haben konnten.

Beide Hypothesen wurden ideologisiert, um dem Kolonialismus eine Rechtfertigung zu geben, der vorgab, Afrika in die Geschichte hineinzuholen, zu zivilisieren und zu missionieren. Die Kolonialisten bildeten sich ein, sie würden Afrika aus dem Heidentum und der Wildnis, aus der Unmündigkeit herausholen. Man nahm an, dass Afrikas Menschen sich noch nicht sesshaft gemacht hätten, umherirrten, jagten und sammelten, um knapp zu überleben. Europa wollte diesen kindlichen Wesen endlich die Kultur der Landwirtschaft und Religion vermitteln, um sie im Prozess der Entwicklung hin zum Menschen voranbringen.

Kaum ein Weißer kannte zu jener Zeit das Innere des afrikanischen Kontinents aus eigener Anschauung. Arabische Sklavenjäger machten das Gebiet nahezu unzugänglich und verdüsterten zusätzlich den Blick auf Afrika. Die Sklaverei degradierte die Menschen und verdunkelte den Kontinent. Bis 1850 drangen nur etwa zwei Dutzend Westler ins Innere, viele wurden ermordet. Wie schwierig so ein Marsch war, kann man am eindrücklichsten in Aufzeichnungen des Afrikaforschers David Livingstone (1813–1873), *Die Erschließung des dunklen Erdteils*, nachlesen.

In Bezug auf Afrika ist klar: »Prähistorisch« ist ein diskriminierender Begriff und geschichtsfeindlich; »präkolonial« hingegen ist historisch festlegbar. Präkolonial war zum Beispiel der Geist einer verstümmelten Aufklärung. Er machte so blind, dass bis in die 1930er-Jahre nur ganz wenige Einzelgänger von einer afrikanischen Agrargeschichte redeten und schrieben, meistens waren es Botaniker und Biologen. Historiker befassten sich schon gar nicht mit diesem Gebiet; man überließ den Bereich der Ethnologie oder Völkerkunde, die sich mit Stämmen und deren Landvorstellungen und mit den territorialen Abgrenzungen in den afrikanischen Kolonien befasste. So wurden etwa magische Praktiken (weil es ja keine Religion geben konnte) und isolierte Stämme (keine Interaktion oder gar Vermischung mit Nachbarstämmen) ausführlich beschrieben. Fand man etwas, das auf eine aktive Bodenbebauungspolitik hinwies, ging man sofort an die Erforschung der »fremden« Einflüsse. Man griff aufs Alte Testament oder Ägypten zurück, denn von innen konnte eine Landwirtschaft in Afrika ganz einfach nicht kommen. Selbst die Felszeichnungen wurden ohne Einbezug der einheimischen Bevölkerung studiert. All dieses Kulturgut konnte nicht von den Afrikanern stammen, wenn sie so »prähistorisch« waren, wie man sie sich vorstellte.

Der Begriff »prähistorisch« ist typisch für das 19. Jahrhundert, aber bis heute sind Relikte davon im wissenschaftlichen Denken haften geblieben. Wie bereits erwähnt, wurde lange Zeit bloß das gesellschaftlich Höherstehende als historisch angesehen, dem Gewöhnlichen hingegen jede Historizität abgesprochen. Der kleine Mensch oder der Bauer und ihr Alltag hatten keine Geschichte. Das Volk als Masse war bloß dazu da, den gottnahen Königen und Päpsten und ihrem Tross den Boden ihrer Existenz auszulegen. So gesehen war Geschichte Teil des Feudalsystems. Und Afrika besaß offensichtlich keine Feudalherren oder Kleriker im europäischen Stil.

Die offizielle Geschichte hing immer auch eng mit der Schrift zusammen. Geschriebenes besaß man jedoch nur in Klöstern und in bischöflichen und kaiserlichen Kanzleien. Man vergaß oder übersah, dass es daneben eine reiche orale Tradition – einst auch in Europa, bis heute jedoch in Afrika – gab und gibt. Nehmen wir den Stammbaum: Ugandische Völker zum Beispiel können – wie etwa die US-kanadische Historikerin Carole Buchanan 1980, nach ihrem mehrjährigen Forschungsaufenthalt in der Region, in *Chronology, Migration and Drought in Interlacustrine Africa* (Chronologie, Migration und Trockenheit im Zwischenseengebiet Afrikas) nachwies –

ihre Vorfahren bis ins 10. Jahrhundert zurück aufzählen. Es gibt andere solche aufgezeichneten Beispiele aus Ruanda und Westafrika. Ein Stammbaum ist ein orales Geschichtsbuch, denn auf dem afrikanischen Kontinent sind Namen nicht bloß Namen, sondern Erinnerungszeichen, die auf markante Ereignisse eines Geburtstags verweisen, etwa »er kam mit der großen Flut« oder »zur Zeit der Heuschreckeninvasion aus dem Osten«.

Agrargeschichte hatte ihre eigenen zusätzlichen Scheuklappen. Forscher wie der selbstsichere Vere Gordon Childe bezeichneten alles, was vor dem Weizen und dem Pflug existierte, als prähistorisch. Was aber, wenn Menschen Getreide auch ohne Pflug anbauen können? Warum etwa soll eine spezielle Graszüchtung der Khoi für ihr Vieh nicht auch Landwirtschaft sein? Was, wenn Hirse vor dem Weizen kultiviert wurde? Schon befinden wir uns wieder im Wirrwarr der europazentrierten Zeitaltermessung auf dem afrikanischen Kontinent. Afrika kannte keine Eiszeiten wie die nördliche Hemisphäre; Afrika hatte Trockenzeiten. Ferner besaßen Afrikas Menschen keine enge Beziehung zu Eisen und Metall, aber dafür eine enge Beziehung zu Stein und Holz. Die Ausgangslage für Landwirtschaft war daher eine andere als im Zwischenstromland.

Für die Agrargeschichte ist als Ausgangspunkt zentral, dass der Mensch zum Überleben essen muss, das heißt, Agrargeschichte setzt mit dem Erscheinen des Menschen ein. Weiter hat Landwirtschaft eine andere Geschichte als die Thronfolge von Päpsten und Kaisern, weil Landwirtschaft auf komplexe und horizontale Weise mit Menschen, Tieren, Pflanzen, Mikroben und Sternen interagiert. Landwirtschaft hat etwas Kosmologisches. Sie ist ein Ineinander- und Zusammengehen, aus dem man Einzelnes nicht immer eindeutig herausschälen und isolieren kann.

Afrikas Landwirtschaftsgeschichte beginnt nicht mit der Fruchtbarkeit des Bodens, sondern mit der Frage des Menschen: Wie kann ich Wüste, Steppe, Savanne, Trockengebiete und wasserarme Gegenden *dennoch* nutzen? Es sind also völlig andere Fragen, Orientierungen und Ausgangspunkte in Afrika zu beachten; es entwickelt sich eine ganz andere Agrargeschichte als auf dem fruchtbaren Boden von Europa und Amerika. Im Englischen werden die beiden Landwirtschaften zuweilen als *fertile* versus *frugal,* etwa fruchtbar und genügsam, einander gegenübergestellt. Im Zentrum der afrikanischen Agrargeschichte steht die Frage: Wie geht der Mensch mit der Natur um, und wie werden Natur und Kultur eins?

Ein Datum ist noch nicht Geschichte

Es gibt immer noch Menschen, die meinen, historisch werde etwas erst, wenn es auch datierbar und genau zu verorten ist. Gibt es etwa die Schweiz nur, weil das Jahr 1291 und das Rütli in den Schulbüchern stehen? Das Rütli ist ein Mythos und daher nicht historisch, aber dennoch ist es wirklich. Über die Bedeutung des Mythos habe ich bereits geschrieben. Daten mögen auf ihre eigene Weise mythisch und magisch wirken. Doch Daten machen erst Sinn, wenn zu einem Ereignis Kontext oder die Einbettung in ein ganzes Sozialgefüge hinzukommen. Das Datum ist zudem etwas Relatives und von Menschen festgelegt; ginge es etwa nach der islamischen Zeitrechnung oder nach der chinesischen, käme jeweils ein ganz anderes Datum an den Tag. Das Datum ist daher lediglich ein Orientierungspunkt in einem kulturell akzeptierten System. Im Abendland markiert meist die Geburt Christi den »Nullpunkt«, also zählen wir die Jahre vor und nach Christus. In diesem Buch wird hingegen, wo möglich, die Bezeichnung BP benutzt: BP kommt vom englischen *Before Present* und bezeichnet die zeitliche Distanz zur Gegenwart, zum Heute. Ausgangspunkt ist der Blick zurück von einem immer wieder sich verändernden Jetzt aus.

Immer mehr setzt sich im wissenschaftlichen Sprachgebrauch durch, dass große Zeiträume mit BP bezeichnet werden; auf ein paar Jahre mehr oder weniger kommt es bei diesen langen Zeitperioden nicht an. Was sich innerhalb der sogenannt abendländischen Geschichte abspielt, wird mit BC (*Before Christ*, vor Christi Geburt) oder AD (*Anno Domini*, im Jahre des Herrn) bezeichnet. Ich selber werde meist die Datierungsart der betreffenden Wissenschaftler oder Autoren übernehmen.

Bei Datierungsversuchen sollte man nie vergessen, dass eine Zahl allein noch keine Ereignisse fixieren kann. Geschichte hat mit Abläufen und Vorgängen, die Menschen und Gesellschaften betreffen, zu tun. Das Datum allein ist mehr ein Skelett der Erinnerung oder ein Anker für Assoziationen. Wie Geschichte angenommene Daten korrigieren und relativieren kann, zeigt sich am Beispiel der »biblischen Zeit« und der darin beschriebenen Landwirtschaft. Von der Heiligen Schrift ausgehend, begannen die Wissenschaftler mit einer Datierung der Landwirtschaft, die etwa acht- bis zehntausend Jahre BP ansetzte. Die Ausgrabungen der Archäologie wiesen immer dringlicher darauf hin, dass die beschriebenen Zeiträume viel größer seien. Doch die Historiker wichen diesen Interpretationen der Funde aus, weil sie das abendländische Datierungssystem in Frage stellten. Somit blieben für eine Weile scheinbar alle »historischen« afrikanischen Daten verzerrt.

Der Umgang mit Holz und mit den Höhlen- und Felsmalereien in Afrika kann die langwierige und gewundene Datierungsgeschichte etwas illustrieren:

- Afrikas Menschen besitzen eine große Vorliebe für Holz. Die Europäer gingen davon aus, dass Holz in Afrika nach etwa hundert Jahren zerfalle und sich in Staub auflöse. Deshalb wurden die berühmten Dogon-Skulpturen bis vor Kurzem völlig falsch datiert. Erst als das Zürcher Museum Rietberg in den 1990er-Jahren eine Ausstellung der Dogonkunst an die Hand nahm, ließ der Kurator mit der neuen Messmethode AMS *(Accelerated Mass Spectrum)* die Holzstatuen neu datieren. Das Resultat ergab zur großen Überraschung der Fachwelt, dass diese Holzstatuen aufs 13. Jahrhundert zurückgingen. Man musste nun auch die Ansicht revidieren, dass das von afrikanischen Künstlern bearbeitete Holz einfach dem natürlichen Zerfall preisgegeben war. Die Afrikaner waren innovativ und wussten, wie Holz zwecks längerer Haltbarkeit »chemisch« zu behandeln war.

– Die vielen Höhlen- und Felsmalereien im südlichen Afrika durften aufgrund der irrigen Hypothesen der Europäer bis vor Kurzem nicht älter als 3000 bis höchstens 5000 Jahre alt sein. Und höchstwahrscheinlich, so wurde spekuliert, waren die Künstler nicht Afrikaner. Diese Zeichen mussten also von Außerirdischen oder zumindest von Fremden aus dem Fernen Osten stammen. Eine solche Ansicht steht sogar noch im 1998 erschienenen und in acht Sprachen übersetzten Werk *Südafrikanische Felsmalereien*, einem prachtvollen Fotoband mit enttäuschender Kommentierung. Hätten die Autoren des Buches die bereits länger vorliegenden Resultate der Paläoökologie oder der Paläobotanik zur Kenntnis genommen, wäre der Text anders geworden. Nick Walter etwa, der seit Jahren in den Matopos-Hügeln in Simbabwe forscht, hat in mehreren Publikationen den Zusammenhang der Felsenmalerei mit der sie umgebenden Landschaft und der einstigen Landwirtschaft hergestellt. Zudem weist er auf die Fragwürdigkeit eines Datierens im absoluten Sinn hin: Die Menschen haben hier ihre Felszeichen und Felsbilder durch Jahrhunderte hindurch erweitert, übermalt oder Teile davon zerfallen lassen. Mit der bloßen Feststellung, diese Felsmalereien seien um die 30 000 Jahre alt, haben wir die Geschichte, die diesen Mal- oder Ritzvorgang umgibt, noch lange nicht erfasst.

Zum Datum kommt stets die Deutung hinzu. Angenommen, eine Pflanze stand vor 20 000 Jahren plötzlich verändert im Feld, dann stellen sich Fragen wie:

- Geschah dies einfach so? Diese Frage erübrigt sich, denn nichts auf dieser Welt geschieht einfach so; selbst die erratischen Sprünge einer Mutation werden von etwas ausgelöst.
- Standen kosmische Kräfte oder Tiere dahinter? Man kann an Meteoriten oder Blitze, an Kamele oder Termiten denken.
- Hat etwa das Klima die Veränderung ausgelöst? Die Geschichte »Elefanten in der Sahara« wird dieser These eingehender nachgehen.
- War zu viel oder zu wenig Wasser der Grund der Veränderung? Gab es Orkane und Taifune oder Sintfluten und Überschwemmungen?
- Haben Bauern versucht, sich diese Pflanze nutzbar zu machen? Diese Frage ist entscheidend, denn eine natürliche Mutation muss durch einen langen Prozess hindurchgehen, bis eine veränderte Pflanze als selbstständig betrachtet werden kann, denn gleichzeitig ändert sich das ganze Umfeld mit. Schneller geht es, sobald der Mensch selektionierend eingreift.

Begründete und dokumentierte Erklärungen haben also ein Datum mit Geschichte zu umgeben. Ein Datum ist wie eine Chiffre, die entziffert werden muss. Dabei ist zu beachten, dass Agrargeschichte sich aus anderen Quellen speist als die Geschichte von Königen und Päpsten. In der Landwirtschaft haben wir es mit längeren Zeitperioden und mit wiederkehrenden Jahreszeiten und Zyklen, aber auch mit einmaligen Katastrophen und Seuchen zu tun. Bereits dieser Hinweis zeigt, dass in der Landwirtschaft eine Datierung anders vorgenommen werden muss als in der Humangeschichte.

Für landwirtschaftliche Datierungen auf dem afrikanischen Kontinent gibt es heutzutage viele Möglichkeiten. Im Grunde misst man die Dauer des Zerfalls. Man nimmt zum Beispiel Pollen und Samen, menschlichen und tierischen Kot, Sedimente in Seen und Flüssen und untersucht, wie weit die Ab- oder Zerstrahlung des

Atoms seit dem Tod der Pflanze gediehen ist. Ob mit der C14- oder der Argon-Argon-Methode, der Calium-Argon-Messung oder dem sogenannten *fission track measurement* – die Atome haben uns ganz neue Messmethoden geliefert. Ein zweiter wichtiger Zweig sind die Messungen, die auf Genen basieren; DNA-Analysen etwa, mit denen man zum Beispiel die wilde von der gezüchteten Pflanze unterscheiden kann. Neben den bereits erwähnten Methoden verwendet die Forschung zur Datierung auch Sichelzellen im Blut (verursacht durch Malaria), Tonscherben, Töpfe mit ihren Eindrücken von Körnern und – ganz wichtig – die verschiedenen Paletten der Höhlenmalerei.

Aber auch mit all diesen modernen Datierungsmethoden haben wir – nochmals sei es betont – noch nicht Geschichte. Wir ahnen, zu welcher Erdzeit etwas geschehen ist, über das Wie und Warum wissen wir noch nichts.

Zeitverschiebung

Zwischen Afrika und Europa stimmt die Zeit nicht. Der ganz große Unterschied zwischen der nördlichen und der südlichen Hemisphäre liegt darin, dass Afrika keine Eiszeiten erlebte. Diese unterschiedliche klimatische Gegebenheit ermöglichte es Afrika, schon viel früher als in Europa und Asien zu agrikulturellen Betätigungen zu kommen.

In Afrika gab es also keine Eiszeiten, dafür aber Regenzeiten, sogenannte Pluviale. In der Periode, die im Westen Pleistozän (früher auch Diluvium oder Eiszeitalter) genannt wird, kennen das äquatoriale und subäquatoriale Afrika pluviale und zwischenpluviale Phasen. Es war ein Pendeln zwischen warmen Feucht- und heißen Trockenperioden. Die verschiedenen Pluvialphasen, die sich mit kürzeren und längeren zwischenpluvialen Zeiten ablösen, heißen Kageran, Kamasian, Kanjesan und Gamblian. Zwei subpluviale Phasen werden als Makalian und Nakuran bezeichnet. Auf dem afrikanischen Kontinent bewirkten Pluviale eine Ausdehnung der Seen (z. B. des Tschadsees); darauf folgten langsam Trockenphasen. Um 12 000 BP etwa sind anstelle der Seen wieder Wälder nachgewachsen.

Im Norden sind analog zum Süden mit den Pluvialzeiten vier verschiedene Eiszeiten mit Zwischeneiszeiten im Rhythmus von etwa 10 000 Jahren bekannt. Die Eisschmelze setzte zuerst im Mittleren Osten vor etwa 10 000 Jahren ein, gefolgt von China vor 8000 und Europa vor 6000 Jahren. Ob diese nördlichen Bewegungen einen Bezug zu den in der südlichen Hemisphäre sich abwickelnden Pluvialen haben, wissen wir noch nicht, weil die Wissenschaft sehr spät auf die Parallelen stieß.

Die wissenschaftliche Literatur hat erst gegen Ende des 20. Jahrhunderts die begriffliche Anpassung an diese afrikanischen Zeitalter langsam vorgenommen. Doch so richtig bekannt und familiär geworden sind die Bezeichnungen bis heute nicht. Ein Grund dafür ist auch die für diesen Kontinent notwendige, aber komplizierende Differenzierung zwischen West- und Ost-, Zentral- und Südafrika. Ein Begriff allein vermag niemals ganz Afrika zu erfassen. Zu oft fällt angesichts von so viel Komplexität selbst die Wissenschaft auf die vertraute, aber unzulängliche Begrifflichkeit zurück.

Die obige Kategorisierung nach pluvialen Phasen stellt jedoch die gesamte traditionelle archäologische Chronologie infrage und verlangt nach anderen Datierungsgrundlagen.

Werfen wir einen Blick auf das Quartär, den jüngsten Abschnitt der Erdgeschichte. Das Quartär begann vor 2,6 Millionen Jahren, umfasst die jüngsten Abschnitte des Pliozäns, gefolgt um 1,8 Millionen BP vom Pleistozän und abgelöst vor 11700 Jahren von der geologischen Gegenwart, dem Holozän. Das Quartär umfasst im Norden die Eiszeiten und in der südlichen Hemisphäre die Erwärmung des Klimas, also Wärmezeiten. Wichtig zu wissen ist, dass der Mensch im Pleistozän zwischen 1,6 und 1 Million BP erschien. Mit dem Menschen entstehen eo ipso Formen von Agrarkulturen. Die Agrargeschichte im nicht eiszeitlichen Afrika reicht also sicher über das Holozän ins Pleistozän zurück. In der neueren Steinzeit, auch Neolithikum oder Holozän genannt, als im Mittleren Osten Landwirtschaft und Viehzucht ansetzten, sind auf dem afrikanischen Kontinent bereits verschiedene Landwirtschaftsformen und -techniken bekannt. Ab 10000 BP gibt es archäologische Belege von der Elfenbeinküste, aus Mali, aus Rop und Jos in Nigeria.

In Europa wird die Menschheitsgeschichte bekanntlich in Steinzeit, Bronzezeit und Eisenzeit unterteilt, doch diese Periodisierung aufgrund der verwendeten Werkstoffe ist sehr eurozentriert und macht etwa in der nordamerikanischen Urgeschichte wenig Sinn. In Bezug auf den afrikanischen Kontinent südlich der Sahara könnte man sagen, dass die Steinzeit bis heute andauert und immer wieder andere Gesichter angenommen hat.

Einerseits bleiben sich in Afrika viele der gefundenen Artefakte, Scherben, Keramiken oder Töpfe gar über Jahrtausende hindurch gleich oder ähnlich, was bedeutet, dass nicht sie in erster Linie Kulturunterschiede oder Zivilisationsstufen markieren können. Auf dem Jos-Plateau beispielsweise gleichen sich Werkzeuge durch alle europäisch definierten Steinzeiten hindurch. In Afrika – darauf muss sich die Wissenschaft langsam einstellen – erhält manches eine ganz andere zeitliche Dimension als in Europa.

Andererseits hatten Afrikas Menschen eine ganz besondere Beziehung zu Steinen, ganz besonders zu Kopjen (kleine Granitfelshügel, die im gesamten südlichen Afrika unter diesem Namen bekannt sind), zu Steinhügeln (wie etwa bei den Dogon) und Granitriffen. Afrikas Menschen liebten also Steine und folglich auch Grotten, Höhlen und Felsvorsprünge, und sie umwoben sie mit komplexen Mythologien. Ein totales Wegkommen von der Steinkultur war kaum vorstellbar.

In ihrer gesamten Steinzeit haben die Afrikaner in verschiedenen Gegenden über den Kontinent hinweg das Grundmaterial Stein in praktisch allen seinen technologischen wie ästhetischen Möglichkeiten und Variationen, von ganz gewöhnlich bis zu hoch entwickelt, nutzen gelernt. Es sei auf Nordostafrika – um einmal in der Maghrebzone zu bleiben – hingewiesen, wo harte Felsbrocken geformt wurden, als seien sie Porzellan. Die einstige Saharazivilisation hat mit dieser Technik überlebt.

Im Gegensatz zu Stein hat Eisen für afrikanische Menschen bis heute etwas Furchterregendes an sich. Der Schmied ist ungeheuerlich. Ogun, der westafrikanische Gott, ist zwar beides, positiv und negativ, Zerstörer und Künstler, aber in jedem Fall ist er mit Krieg assoziiert. Archäologen sind in Afrika zwar auf sehr frühe Eisenschmieden (etwa in Tansania oder auch im kongolesischen Tropenwald, in Nordnigeria) gestoßen. Doch Eisen entwickelte sich nie zum Zeichen des Fortschritts. Es gab wenig Grund, das bereits Erfundene und die Vielfalt der bestehenden Steinkultur für eine Metallmonokultur aufzugeben. Man kannte in Afrika zwar Eisen, aber außer den Schmieden und Magiern wichen die Menschen dem Grundstoff aus, bei Schmuck oder im Zusammenhang mit Fruchtbarkeitsamuletten verwendete man lieber Holz oder Stein oder Knochen. Es kam in Afrika nie zu einer Selbstverständlichkeit im Umgang mit Eisen, Feuer und Schmelzen.

Auf keinen Fall lassen sich die Epochen Afrikas genau voneinander in Stein-, Bronze- oder Eisenzeit trennen. Diese Zeiten gehen alle ineinander über. Wir haben nach anderen Einteilungsgrundlagen zu suchen. Afrika lebte seit Jahrtausenden sowohl mit verschiedenen koexistierenden »Zeitaltern« als auch mit verschiedenen Agrarkulturen. Ob sie jemals voneinander getrennt und verschieden waren oder doch eher eins in der Vielfalt?

Auch in Europa, besonders in England, wird aufgrund neuerer Funde vermehrt ein Nebeneinander und/oder eine Gleichzeitigkeit verschiedener historischer Phasen in Betracht gezogen. Es gibt Zeiten, in denen ein früherer Zustand überlebte und doch eine neue Kultur einzog. So wird mehr und mehr die traditionelle lineare Chronologie der Zivilisationen infrage gestellt, weil auch die Eiszeiten in verschiedenen anderen Gegenden der Welt differenziert werden müssen, genauso wie die pluvialen Phasen in Afrika.

2.
Ausgrabungen

Saharas Scherben zählen

In den Anfängen der Archäologie sammelte man massenweise Scherben und brachte sie in Museumskeller, wo sie teilweise bis heute ruhen und auf Deutung warten. Ein französischer Kolonialbeamter schickte 1892 fünfzig Säcke voller Scherben aus dem Sudangürtel (heute als Sahelzone bekannt) nach Paris. Vor lauter Scherben sah man das Eigentliche nicht mehr. Man zählte und zählte, legte und zerlegte – wie viele Scherben passen auf einen Quadratmeter?

Wagte man sich an Deutungen, waren es oft metaphysische Spekulationen: Man sah diese Scherben als Reste des Heiligen, es war beinahe wie abgebröckelter himmlischer Stuck. Diese Scherben mussten unbedingt einen religiösen, ja gar göttlichen Ursprung und einen kultischen Kontext haben. Niemand dachte an so Triviales wie Landwirtschaft und Nahrungsmittel. Doch meistens waren es schlicht Scherben von Tontöpfen, in denen Wasser oder Nahrung transportiert oder aufbewahrt werden konnte; vielleicht dienten sie auch als Aufbewahrungsgefäße zum Schutz vor Mäusen. An so profane Verwendungen dachten die Archäologen bis Ende des letzten Jahrhunderts nur selten.

Bis vor Kurzem setzte man Scherben zusammen, um sie wenn möglich einer von der Archäologie konstruierten Periode zuzuordnen, etwa Acheuleen oder Sangoan, Früh- oder Mittelsteinzeit – oder vielleicht waren es makro- oder mikrolithische Überreste?

Problematisch an solchen Zuordnungen war, dass die Datierung von Ägypten als Orientierungspunkt ausging und für die Sahara stets 500 Jahre Geschichte subtrahierte. Die Forscher jener Zeit überlisteten selbst die objektive C14-Analyse (Radiokohlenstoffdatierung), wichtige physikalische Messmethoden passten sich offenbar der ideologischen Weltsicht an. Man glaube also keiner archäologischen Datierung, die vor 1990 vorgenommen worden ist (einige wenige Ausnahmen sind möglich)! So haben heute beispielsweise die Datierungen der Ausgrabung von Dhar Tichitt im südlichen Mauretanien, die der Chicagoer Archäologe Patrick Munson nach 1967 mühsam in unwirtlicher Gegend vornahm, heute keine Glaubwürdigkeit mehr, und noch weniger Gewicht haben seine Auslegungen, denn sie basieren noch auf dem veralteten archäologischen Paradigma seiner Lehrer.

Dieselbe interpretatorische Vorsicht ist für die Felszeichnungen (Rock Paintings) angebracht, die in der Sahara häufig vorkommen und sehr gut erhalten sind. Auch diese menschlichen Zeugnisse wurden bis knapp Ende des letzten Jahrhunderts nie mit Landwirtschaft in Verbindung gebracht. Diese hehren Kunstwerke konnten doch nicht mit der primitiven, fast schon vorhistorischen und eben profanen Landwirtschaft verknüpft werden. So wurden die Scherben der Wüste und die Zeichen an den Felswänden lange Zeit eher als eine Art von Offenbarung gedeutet denn als eine Form von Geschichtsschreibung gelesen.

Als sich die französische Wissenschaft und Politik Ende des 19. Jahrhunderts für die Wüste Sahara zu interessieren begann, ging die Forschung stets vom Osten, von Ägypten oder – wie die Franzosen das Ganze nannten – vom Sudan, aus. Die Forschung orientierte sich bis in die 1960er-Jahre an den Thesen des Diffusionismus: Man glaubte, dass die ägyptische Kultur langsam in den afrikanischen Kontinent eingedrungen sei und sich dort ausgebreitet habe.

Die westlich vom Nil lebenden Menschen betrachtete man als zurückgeblieben oder minderwertig.

Die Saharaforschung stieß stets auf große Resonanz, denn die Wüste interessierte Philosophen und Theologen, Mystiker und Esoteriker seit jeher. Später kamen – etwas versteckt – Verteidigung und Rohstoffsuche als Interessen dazu. Bloß für eine Geschichte der Sahara interessierte sich weltweit kaum einer. Die Wüste faszinierte und packte sowohl den Piloten Antoine de Saint-Exupéry wie auch den Missionar Charles de Foucauld; selbst der jesuitische Paläontologe und Philosoph Teilhard de Chardin kam ins Schwärmen. Dichter und Autorennfahrer gingen in die Wüste – allein die Idee einer einst blühenden Landwirtschaft in der Sahara blieb bis um 1990 eine agrarwissenschaftliche Spinnerei.

Mit dem Ende des Kolonialismus kam auch eine historische Wende. Ein Anzeichen dafür ist, dass die UNESCO kurz nach 1960, dem Jahr der großen Unabhängigkeiten, eine achtbändige Allgemeingeschichte Afrikas in Auftrag gab. Dieses Werk förderte und koordinierte das paläontologische und archäologische Wissen; es führte weltweit alle Wissenschaftler, die zum Thema etwas zu sagen hatten, zusammen. Man kann heute sagen, für Afrika war dieses Werk der eigentliche Beginn einer seriösen und ehrlichen Geschichtsschreibung.

Drei heute weltbekannte französische Saharaforscher brachten neue Aspekte in die Wissenschaft von der Wüste: Henri Lhote, Henri-Jean Hugot und T. R. Hays. Lhote, der unermüdliche Erforscher und Deuter der Felszeichnungen der Sahara, und Hugot, der sich auf Klima und Pflanzenwachstum konzentrierte, gingen anfänglich noch ganz von der Diffusionsthese aus. Dann kam Hays und bot ihnen eine neue Perspektive.

T. R. Hays nahm die Diffusionshypothese nach Strich und Faden auseinander. 1974 veröffentlichte er in der Fachzeitschrift *Quater-*

nary Science Reviews einen Beitrag unter dem Titel »Mineralogical Analysis of the Sudanese Ceramics« (Mineralogische Analyse der sudanesischen Keramik). Er untersuchte Töpferei- und Keramiküberreste, Steinwerkzeuge und in Steine eingeritzte Zeichnungen und belegte damit die frühe kulturelle Eigenständigkeit der Sahara (12 000 BP). Sein gewichtigster Beweis waren die Keramikfunde aus dieser Gegend. Hays stellte fest, dass archäologisch bis zu diesem Zeitpunkt kein ägyptischer »Ursprung« der Töpferei gefunden worden war. Dasselbe gelte für die Keramiken des Sudans. Der Archäologe konnte daraus schließen, dass die Ursprungsgegenden der Töpfe und Keramiken eher westlich des Nils, also im Groß-Tschad-Raum, liegen müssen. Hays' Publikationen bewirkten eine Wende sowohl in der archäologischen Saharaforschung als auch in der Deutung alter Fakten. Mehr und mehr wurde der ägyptische Ursprung als ein Phantasieprodukt angesehen. Hays' Arbeit zog alle bisherigen Datierungsversuche in Zweifel.

Bereits 1968 hatte Henri-Jean Hugot mit dem Aufsatz »The Origin of African Agriculture« (Der Ursprung der afrikanischen Agrikultur) die wissenschaftliche Bühne betreten. Er lieferte den überzeugenden Nachweis, dass die frühere Sahara, um 12 000 BP, eine Ursprungsgegend der Landwirtschaft war. An so etwas hatte bis anhin kaum ein Wissenschaftler gleich welcher Fachrichtung gedacht. Hugot ging von einer längeren Feuchtperiode im Gebiet der heutigen Sahara aus, die zu einer Zeit herrschte, als in der nördlichen Hemisphäre eine Eiszeit alles unfruchtbar hielt.

Henri Lhote schließlich wagte es 1979, von Felszeichnungen, die unter anderem auch Ochsen abbildeten, auf die Existenz von *pasteurs de bœufs,* also Viehhirten, schon vor 5000 Jahren zu schließen. Lhote war im Gegensatz zu seinen früheren Publikationen kühn genug, die Figuren auf den Felszeichnungen anders und neu zu deuten. Er kam mit vergleichender Forschung zur Überzeugung, dass diese Illustrationen ohne Zutun von außen entstanden waren und ganz sicher nicht von Ägypten her beeinflusst sein konnten. Hugot seinerseits trug sehr viel zu einer Geschichte der Domestikation von Tieren bei, ein Forschungszweig, der bis anhin vernachlässigt worden war. Er wies ebenfalls immer wieder auf frühe »negroide Humangestalten« hin, die er als lokale Ureinwohner deutete. Einen anderweitigen, etwa diffusionistischen Einfluss konnte er nicht erkennen.

Lhote war der erste Forscher, der ganz wissenschaftlich und akribisch Felszeichnungen und Hieroglyphen miteinander verglich. Er nahm an: Je größer das ägyptische Reich wurde, desto mehr brauchte es Kontrollen und Gesetze. Dazu benötigte man eine Schrift. Die negroiden Bauern in Ägypten hatten aber bereits vorher das Nilwasser messen müssen; von dort her kamen die Zeichen und wurden nach und nach ausgebaut. Die Forschung kam Schritt für Schritt zur Einsicht, dass die Hieroglyphen ihren Ursprung einerseits in der Sahara hatten – einer Sahara, die noch feucht und grün war – und andererseits von den negroiden Bauern verwendet wurden, die Ägyptens Landwirtschaft betrieben.

Die Wissenschaft lernte zu dieser Zeit auch zwischen Diffusion und Migration zu unterscheiden. Diffusion bedeutet kulturelle Ausbreitung von einem klaren Ursprungsort aus. Migration entsteht bei der Suche nach Land und neuen Existenzgrundlagen. Natürlich nimmt der Mensch auch bei der Migration etwas von seinem Ursprungsort mit, aber er muss sich in der Folge an den neuen Ort und die neue Kultur anpassen.

Lhote und andere Wissenschaftler gingen auch der Geschichte des Tschadsees und seines Beckens nach. Sie wollten wissen, wie die Fische auf die Felsmalereien kamen, und stellten fest, dass das ganze Seebecken um 9000 BP so groß war wie das heutige Deutschland, etwa 330 000 Quadratkilometer. Vor etwa 15 000 Jahren betrug die

Seeoberfläche ungefähr eine Million Quadratkilometer und mit hoher Wahrscheinlichkeit gab es Nilpferde im damaligen Tschadsee.

Was die drei genannten Männer erforschten und aufzeichneten, galt noch in den 1970er-Jahren als Sensation, denn das Wissen hatte die Bücher und Skripte der Universitäten noch nicht erreicht. Meine Professoren in Chicago jedenfalls tappten 1966 noch im Dunkeln.

Doch die Sahara hat noch lange nicht alle ihre Geheimnisse preisgegeben. Der Griot Buhuma, der heute über 100 Jahre alt ist, kennt Geschichten, die von der Gegend rund um den Tschadsee als Ursprung aller Landwirtschaft erzählen. Viele Rätsel gibt auch ein Fund aus dem Jahr 2000 auf: In der Gegend nördlich des heutigen Tschadsees und gegen die sudanesische Grenze hin wurde überraschenderweise ein Getreidekorn gefunden. Dieses Korn gehört eindeutig zu den Graminäen (Süßgräser) und wird auf 19 000 BP (±300 Jahre) datiert. Aus dem Zweistromgebiet kann das Korn schon wegen der Eiszeit, die zu dieser Zeit in jener Gegend herrschte, auf keinen Fall stammen.

Viele Scherben in der Sahara harren noch einer Zusammenstellung und Auslegung. Messen allein genügt nicht, wenn wir Afrika verstehen lernen wollen.

Ghanas geheimnisvolle Höhlen

Zwei Höhlen in der Region der einstigen Goldküste waren schon zu Beginn des 20. Jahrhunderts durch Basler Missionare bekannt geworden, aber niemand maß ihnen besondere Bedeutung bei. Doch dann entstand mit Ghanas Unabhängigkeit 1957 der gigantische Plan, den vielarmigen Volta-Fluss zu stauen. Ghanas erster Präsident Kwame Nkrumah, ein »afrikanischer« Marxist, war der Überzeugung, dass es zur raschen Modernisierung und für den Fortschritt viel Elektrizität brauche; und so ließ er das Flusssystem des Volta ohne Rücksichtnahme auf Mensch und Geschichte stauen. Ein ähnliches Projekt hatten der ägyptische Präsident Gamal Abdel Nasser mit dem Nil bei Assuan oder die Briten zusammen mit den Sambiern und Rhodesiern mit dem Sambesi bei Kariba verfolgt. Überall auf der Welt wurden beim Kraftwerkbau Menschen vertrieben, und damit wurde auch immer ein Stück Geschichte unter Wasser versenkt.

In Afrika wehrten sich die Archäologen gegen dieses Vorgehen, allen voran Thurston Shaw, der ab 1937 das erste afrikanische archäologische Institut in Achimota, Ghana, aufgebaut und geleitet hatte. Der Protest erreichte, dass vor der totalen Überflutung noch rasch in aller Eile etwas gegraben werden konnte. Das Unternehmen hieß Volta Basin Research Project, und die Geologie hatte begreiflicherweise Vorrang. Schließlich ging es um Bodenschätze und Erdöl und die Stabilität der Gesteinsschichten am Ort des geplanten Staudamms. Nur ein kleiner Teil dieser archäologischen Forschung beschäftigte sich mit Höhlen, aber so stieß man auf den Kintampo-Komplex.

Der Kintampo-Komplex umfasst mehrere Höhlen im Gambaga Escarpment im nördlichen Ghana, im Gebiet des Schwarzen und des Weißen Volta. Da die etablierte Wissenschaft zu Beginn der Forschungen noch immer von der Diffusionstheorie ausging, wurden diese Höhlen vorerst als Zufluchtsorte oder Unterstände für Menschen, die vom Norden nach dem Süden zogen und umgekehrt, gedeutet. Sie dienten für kurze Zeit auch zur Erweiterung der sogenannten Sudanthese, die den Einfluss aus Ägypten und dem Sudan hinein in den afrikanischen Kontinent verfocht. Hätte man historisch gedacht, wäre eine andere Hypothese zumindest denkbar gewesen: Diese Höhlen hätten auch von Flüchtlingen aus dem Malireich genutzt werden können, denn dieses Großreich war alles andere als harmonisch und friedlich; schon damals gab es Schwierigkeiten mit Minderheiten.

Die Kintampo-Höhlen wurden zu einem modernen Mythos, einer afrikanischen Variante von Platos Höhle. Immer wieder dasselbe: Man spielte mit Bibel und Mythos, traute jedoch Afrika keine eigene Geschichte zu.

Man darf ruhig behaupten, dass die kanadische Archäologin Joanna Louise Casey mit ihrer Veröffentlichung *Archeological Insights into the Kintampo Complex* (Archäologische Einsichten in den Kintampo-Komplex) 1993 die festgefahrenen Wege der Deutung verließ; sie bezog alltagsgeschichtliche Dinge wie Kot oder Speisereste und ökologische Aspekte mit ein. Sie ging Fragen nach wie: Was aßen diese Menschen? Betrieben sie Subsistenzlandwirtschaft? Was wächst in der Umgebung? Waren es Wohnstätten oder Scheunen, Lagerstätten oder Unterkunftsstellen auf dem Weg nach Süden? Waren die Benutzer Jäger?

Casey suchte Zusammenhänge zwischen zwei Höhlenkomplexen, die bereits von zwei Archäologen unabhängig voneinander erforscht und beschrieben worden waren; Oliver Davies gab sich mit den Ntereso-Höhlen ab, Colin Flights Forschungsreich war Kintampo. Beide Archäologen ließen den Kollegen nicht in ihr eigenes Material gucken; beide entwickelten ihre Deutungen allein; so arbeitete man damals und meist auch heute noch.

Colin Flight beschäftigte sich nicht mit Fragen, die historische Interpretation oder Bedeutungen verlangten; er grub und nummerierte, beschrieb und maß die Gegenstände, dann versuchte er, aufgrund der griechischen und ägyptischen Vorgaben zu datieren. Es war immer noch die Zeit der Diffusionisten, in der in der Archäologie alles mit Europa und Kleinasien verglichen wurde. Ein weiteres einschränkendes Denkraster war das Jäger-Sammler-Modell.

Oliver Davies begann 1959 mit Ausgrabungen und bezeichnete die Terrakottazigarren, -äxte und -pfeile als typisch für die Kintampo-Kultur. Sein Interesse war doppelt: Er suchte einerseits nach Zeugnissen der Eisenkultur, respektive des Neolithikums, und andererseits nach einem Nord-Süd-Link. Er spekulierte seitenweise über alle möglichen Nuancen des Neolithikums. Er führte gar den Begriff »Ghana-Meso-Neolithic« ein. Der große historische Kontext und die Natur um die Höhlen herum interessierten ihn nicht. Zu jener Zeit wurde allgemein angenommen, dass Holz und Blätter nach 100 Jahren einfach verfallen und verwesen. Ntereso liegt in einer Wald-Savanne, nur 2,5 Kilometer südlich des Weißen Volta und 5,5 Kilometer westlich der Yapei-Brücke mit einem jährlichen Niederschlagsdurchschnitt von 1200 Millimeter. Also hätte es sehr wohl Hinweise auf eine Agrikultur geben können oder sogar geben müssen. Aber nicht einmal Fische werden bei Davies erwähnt.

Joanna Louise Casey erst nahm, wie oben beschrieben, ökologische und agrikulturelle Aspekte in ihren Forschungsansatz auf. Sie war die Erste, die fragte, ob die Menschen damals Yams und Ölpalmen domestiziert hatten oder ob solche Züchtungsprozesse bereits im Gang waren. Sie war sich bewusst: Falls das zutraf, dann musste sich auch der Zeit- und Raumbegriff der Forschung verändern. Wer züchtet, der bleibt vor Ort.

Casey ist Archäologin und nicht Agrarhistorikerin oder Philosophin; das wird sofort klar, etwa im Umgang mit Yams, den sie als eine Gartenkultur ansieht und somit gar die Frage stellt, ob diese Höhlenbewohner »niedergelassene Hortikulturisten« waren. Unbeholfen ist sie auch im Umgang mit dem Baum *Canarium schweinfurthii* (mehr dazu im Kapitel »Pflanzen und Tiere«), der in dieser Gegend zu jener Zeit kultiviert wurde.

An solchen Forschungsschwächen sieht man: Um Landwirtschaft zu erfassen, braucht es unbedingt interdisziplinäre Zusammenarbeit. Diese fehlte damals und sie fehlt heute noch weitgehend. Ohne Interdisziplinarität und mit zu vielen Vorurteilen gelangt man, wie Kintampo gut illustriert, nie zu einer afrikanischen Agrargeschichte.

Es gibt heute Forschungspapiere zu mindestens folgenden Höhlen oder Unterständen:

- in Nigeria: Rop Rock Shelter, Mejiro Cave (Old Oyo);
- in Ghana: neben Kintampo und Ntereso auch Bosumpra Cave (Kwahu);
- in Mali: Kourounkorokale Rock Shelter;
- in Sierra Leone: Yengema Cave;
- in Guinea: Blaude Rock Shelter.

Es wäre höchst aufschlussreich, einmal alle Höhlenforschung Westafrikas zusammen und vergleichend zu betrachten. Denn Ghanas Höhlenkomplex ist zu kleinräumig, als dass man damit zu einer großen Theorie gelangen könnte. Sicher ist, dass Kintampo weder den Anfang der Landwirtschaft noch einen historischen Höhepunkt markiert. Die Höhlen sind eher so etwas wie der Ausschnitt eines größeren Vorgangs und bieten einen Einblick in die lokale Geschichte dieser Gegend. Es bleibt die Frage, warum bisher keine menschlichen Schädel gefunden wurden. Waren diese Höhlen Vorratskammern? Ist das Neolithikum etwa doch ein Höhlengespenst?

Dhar Tichitt – unter die Oberfläche

Dhar Tichitt liegt im südlichen Zentrum von Mauretanien. Die archäologischen Grabungen, die nach 1966 in dieser Gegend unternommen wurden, haben im wörtlichsten Sinn afrikanische Geschichte gemacht.

Die französischen Archäologen hatten vom 19. Jahrhundert bis in die 1970er-Jahre – außer in Ägypten und Nubien – auf dem afrikanischen Kontinent nie Ausgrabungen gemacht. Sie hatten auf diesem Kontinent bloß freiliegende Artefakte gesammelt. Nach ihrer Vorstellung war es klar, dass in Afrika unter der Oberfläche nichts zu finden ist. Was hätte denn schon an lokaler Kultur und Geschichte unter der Oberfläche liegen können? Die Franzosen sammelten massenweise Oberflächenmaterial, um aufzuzeigen, wie andere Völker, vom Osten kommend, durch die Wüste wandernd, Material zerstreut oder diffusioniert hatten.

Dass es amerikanische und britische Forscher waren, die schließlich in dieser Gegend archäologische Grabungen vornahmen, hängt auch mit der Erdölgeschichte zusammen. Ihre Regierungen und Großunternehmen waren vor allem an Rohstoffen und Mineralien interessiert. Die Briten, in ihrem Gefühl zivilisatorischer Überlegenheit, suchten im schwarzen Afrika keine Geschichte. Ihr Interessebereich war das Zoologische, die Natur. Sie erforschten Wild und Vögel, Affen und Elefanten und suchten nach biologischen Erklärungen. Charles Darwin war ihre Leitfigur, ihre Forschungen standen eng im Zusammenhang mit der Evolutionslehre. Doch auch die Amerikaner machten in dieser Gegend Sondierungen. Das gab Patrick Munson und seinem Team Gelegenheit, archäologisch zu forschen.

Erst mit der afrikanischen Unabhängigkeit jedoch erwachte weltweit ein großes Interesse am neuen Afrika. In den USA wurde George Peter Murdoch 1959 mit seinem Buch *Africa. Its Peoples and Their Culture History* (Afrika. Seine Völker und ihre Kulturgeschichte) zum Vorreiter und Orientierungspunkt. Er postulierte in seinem Werk ganz klar eine afrikanische Agrargeschichte und zählte zwölf domestizierte afrikanische Pflanzen und Bäume auf. Er trug Material aus verschiedensten Fachbereichen zusammen, etwa Linguistik und Ethnologie, Paläobotanik und Ethnobotanik, Archäologie oder Geologie. Das Buch wirkte befreiend, und es kam zur richtigen Zeit; es gab den müde gewordenen europäischen Forschern etwas Trost und löste in den USA eine Welle der Afrikanistik aus.

Einer der begeisterten Afrikaforscher war Patrick J. Munson, ein Archäologe der Chicago University. Viele seiner Hypothesen stammten von drei französischen Ethnobotanikern. Auguste Jean Baptiste Chevalier hatte bereits 1938 die Sahara als möglichen Raum von gezüchteten Pflanzen untersucht. Pierre Vignier hatte 1945 gefragt: Woher stammt Sorghum? Und Roland Portères schließlich hatte 1959 versucht, agrarische Ursprungszentren in Afrika zu bestimmen. Alle drei hatten sich intensiv mit Pflanzendomestikationen im Sahara- und Sahelgebiet befasst. Munson war, wie wir sehen werden, einerseits neuen Ideen gegenüber sehr offen und andererseits, wie seine Datierungen und Phasen bezeugen werden, noch ganz der traditionellen Archäologie verpflichtet.

Patrick Munsons archäologische Funde spiegelten die Logik der Ausgrabungsarbeit. Mit der Freilegung jeder neuen Schicht und jeder weiteren historischen Phase wurden sensationellere Erkenntnisse zutage gefördert:

- Schon Phase 1, die jüngste ausgegrabene Vergangenheit, ist reichhaltig. Munson nannte sie, der wissenschaftlichen Terminologie folgend, die *Akjinjeir*-Phase und datierte sie zwischen 700 und 400 BC (ich übernehme hier seine Bezeichnung BC, *Before Christ,* also vor Christus). Eindeutig zeigt diese Periode eine Ausbreitung der Wüste und somit entsprechender Pflanzen. Munsons Schluss aus den Funden: eine karge Agrarkultur, gemischt und kombiniert aus Weidewirtschaft und Ackerbau. Anzeichen von Sammeln und Jagen können noch immer festgestellt werden.
- Phase 2, mit *Arriane* bezeichnet, zwischen 700 und 900 BC, ist schon etwas feuchter, dennoch trocknet in dieser Zeit der See aus. Landwirtschaftliche Betätigung: Viehhaltung, Nutzpflanzenkultivation und begrenzt Jagd.
- In Phase 3, *Cheba* genannt, 900 bis 1000 BC, sind die Seen verschwunden. Es gibt wenig Niederschlag, und fast keine landwirtschaftliche Tätigkeit ist nachweisbar.
- In Phase 4, *Naghez,* 1000 bis 1100 BC, gibt es bereits keine Fischerei mehr; aber es finden sich Hinweise auf ein Ausprobieren von neuen Pflanzenkulturen …

Und so geht es von Phase zu Phase weiter. In Phase 7, *Goungou,* (1400-1500 BC), gibt es eindeutige Hinweise auf Viehzucht. Munson grub bis Phase 8, *Khimiya* (ab 1500 BC), und fand klare Hinweise auf Fischerei, Viehzucht, Jagd und Sammeln, und überdies auch Felskunstwerkspuren.

Es ist hier nicht möglich, alle Details der Funde wiederzugeben. Zudem ergeben die gefundenen beziehungsweise beschriebenen Objekte wenig Einsicht, denn es wird einfach katalogisiert und wenig nach Zusammenhängen Ausschau gehalten. Obwohl eindrücklich, bleibt die Grabung vorab aufzählend, weil ein sinnstiftendes Referenzsystem fehlt.

Munson hatte einen sehr vagen Landwirtschaftsbegriff. Für Agrarhistoriker ist seine Datierung verwirrend, denn in so kurzen Phasen, wie er sie unterteilt, sind Entwicklungen in der Pflanzen- und Tierwelt kaum feststellbar. So wiesen die bereits erwähnten Roland Portères und Nikolai Iwanowitsch Wawilow bereits in den 1920er- und 1930er-Jahren darauf hin: »Botanische Übergänge von ganz wild zu eindeutig kultiviert müssen in Millennien gemessen werden.« Munsons Hundertjahrrhythmus reflektiert eher eine schnelle »amerikanische Denkweise«. Portères war persönlich der Überzeugung, dass Munsons Forschung, richtig datiert, Einblick in mindestens 12 000 Jahre Agrargeschichte gebe.

Dass in Dhar Tichitt Landwirtschaft betrieben wurde, zeigen die Abnahme von Kramkram und von Fonio oder Hungerhirse und die parallel dazu verlaufende Zunahme von Pennisetum sp. (Perlhirse, Sorgho oder Rispenhirse). Munson plädierte stark für die Annahme einer Züchtung vor Ort, in situ, und verwarf die Diffusionshypothese. Aber so rasch, wie er das annahm, konnte die Entwicklung nicht geschehen sein; und weitere Nachforschungen machte er nicht. Insgesamt beachtete Munson Kontexte und Nachbarschaften viel zu wenig. Der Wissenschaftler berauschte sich etwas an seinen eigenen Zahlen und Phasen.

Die grundsätzliche Erkenntnis der Grabungen von Dhar Tichitt ist, dass Afrikas Böden Geschichte enthalten und Veränderungen von landwirtschaftlichen Tätigkeiten aufzeigen. Man hat also in die Tiefe zu gehen, um die Geschichte und die Veränderungen an den Tag zu bringen. Dann kommt das Deuten und Interpretieren hinzu. Dabei ist auch die Bedeutung von Umgebung und Umwelt mit zu berücksichtigen. Nur ist eine solch umfassende archäologische Arbeit heute nicht leicht und wird in Teilen Afrikas immer weniger möglich. Afrikas Regierungen sind daran mitschuldig. Am 18. September 1999 etwa berichtete die französische Zeitung *Le Monde*: »Archäologische Forschung ist in Mauretanien unmöglich geworden.«

Die Dhar-Tichitt-Gräser

Um eine Ahnung zu erhalten, was in der Gegend von Dhar Tichitt vielleicht auch noch hätte gezüchtet werden können, ist es interessant zu wissen, welche (wilden) Gräser in der Gegend vorhanden waren:

- Chloris-Gräser (*Chloris truncata, c. distichophylla, c. gayana, c. ventricosa*): Windmühlengras;
- *Cenchrus:* Kramkramgras;
- Panicum-Gräser (eine Auswahl der 450 verschiedenen möglichen Arten): 1–3 Meter hoch, mit Ähren;
- *Echinochloa:* Dschungelreis;
- *Brachiaria mutica (Forsk.) Stapf:* Para-Gras; meist auf Flussbänken, 900 Millimeter Niederschlag reichen für diese Pflanze bereits aus.

Bei den drei letztgenannten Gräsern wurden in Dhar Tichitt Hinweise auf Eingriffe oder Manipulationsversuche an der genetischen Struktur gefunden.

Offenbarungen aus dem Dogonland

Archäologisch betrachtet waren die Forschungsvorhaben in Kintampo ein Blick in Afrikas Höhlenkultur und diejenigen in Dhar Tichitt ein Versuch, von der Oberfläche wegzukommen. Doch die seit 1997 rund um Ounjougou am Yamé, einem Zufluss des Niger im Dogonland (Mali), vorgenommenen Grabungen geben durch die vielen Funde und Fakten Einblick in fünfzig Jahrtausende Menschheitsgeschichte! Einen so weiten und breiten Blick in die Vergangenheit haben archäologische Funde und Fakten noch nie auf einer zusammenhängenden Großfläche ermöglicht.

Ounjougou ist einzigartig, denn der Name steht für viele Erkenntnisse und Erfolge zugleich:

1. Ungewöhnlich ist die Dokumentation von Sequenzen oder Abfolgen – und zwar geologisch (äolisch, alluvial und kolluvial), klimatisch, ökologisch, agrarhistorisch, kulturell und archäologisch. Von 50 000 BP bis in die Gegenwart erlebt man eindrücklich die Kontinuität des Kommens und Gehens menschlicher Kulturen.
2. Beeindruckend ist auch die internationale Zusammenarbeit von mehreren Universitäten aus der Schweiz (Genf und Fribourg), Frankreich (Université de Paris X-Nanterre und Université de Rouen), Deutschland (Frankfurt), Großbritannien (Oxford) und Mali (Bamako) unter Leitung von Professor Eric Huysecom vom Archäologiedepartement der Universität Genf.

3. Der Einbezug von lokalen Wissenschaftlern, von Archäologen bis zu Linguisten, ist eine deutliche Abkehr vom kolonialen und fast geheimen Ausgraben.
4. Das interdisziplinäre Vorgehen von Archäologen, Archäobotanikern, Ethnologen, Geomorphologen, Geologen, Paläoökologen, Paläopflanzengenetikern, Pollenanalytikern, Datierungsspezialisten ist ein wichtiger Bestandteil des großen Erfolges.
5. Die kondensierte Dokumentation westafrikanischer Agrargeschichte machte das Erscheinen, Entstehen und Wachsen einer Agrargesellschaft einsehbar. Der Yamé schuf um sich herum seine eigene »Bibliothek«.
6. Ounjougou entpuppte sich als neuer und/oder weiterer Ursprungsort afrikanischer Keramik.
7. Die Grabungen im Dogonland haben zu einer neuen Einordnung westafrikanischer Keramikfunde geführt. Frühere Funde werden in einen Zusammenhang gebracht; eine westafrikanische Einheit wird geschaffen. Die Funde belegen aber auch den Zusammenhang mit dem Maghreb und bestätigen somit die Rolle der Sahara als eines wichtigen Durchgangsorts von Nord nach Süd, und sie geben Hinweise auf den Handel der Berber (Tuareg). Es gab also einen regen Kulturaustausch, der gemeinhin die Experimentierfreudigkeit einer Kultur oder Gesellschaft beflügelt.

Mich selber haben die Funde von Ounjougou zu folgenden Überlegungen angeregt:

- Bis zu diesen wegweisenden Grabungen waren die meisten Archäologen ihren »Vorfahren« hinterhergetappt und wie selbstverständlich von der Diffusionshypothese ausgegangen; sowohl die lignische Industrie (Holzbearbeitung) als auch die Keramik waren ihrer Ansicht nach vom Sudan oder von Ägypten her ins Innere Afrikas gekommen. Deshalb hat man bei den Sahelländern stets den Zusatz sudano- verwendet und ihnen dadurch ein

Stück Eigenständigkeit genommen. Doch es gibt, ähnlich wie beim Kultivieren von Getreide, bestimmt auch bei der afrikanischen Keramik verschiedene Ursprungsorte und in der Abfolge der Geschichte manche Einflüsse oder gar Kreuzungen.

- Vergleiche sind sehr fragwürdig, Ähnlichkeiten sind mit Vorsicht zu genießen. Warum? Die meisten archäologischen Funde sind zufällig. So ist es mehr als gewagt und eher unsinnig, Ounjougou als »Oldoway in Westafrika« hinzustellen. (Oldoway oder Olduvai ist die mythisch besetzte »Wiege der Menschheit« im Grabenbruch von Ostafrika.) Warum kann Ounjougou nicht für sich selbst stehen und selbst als Zentrum betrachtet werden – vor allem nach so vielen Funden? An solchen Ableitungen ist sehr oft das Konzept einer eigenständigen Agrargeschichte gescheitert. Vor allem, weil zu oft Birnen mit Äpfeln verglichen wurden.
- Man möge endlich davon Abstand nehmen, alle Handlungen in »Urzeiten« sofort mit rituell oder religiös gleichzusetzen. Es gab selbstverständlich religiöse Haltungen aus der in der Menschheitsgeschichte überall präsenten Ehrfurcht heraus. Natürlich haben diese Menschen Beschwörungen ausgesprochen und Opfer vollzogen, aber sie haben sich auch landwirtschaftlich betätigt. Sie waren agrarisch sehr aktiv, denn sie wollten überleben. Man hat zum Beispiel schon damals Hirse gezogen, kannte also Züchtungsmethoden. Doch viele Fragen sind noch offen: Warum setzte man zum Beispiel mit der Züchtung nicht beim Getreidewildling Kramkram ein? War Kramkram eine nicht anzutastende Überlebensgarantie, ein Begleiter in der Not, ein Nothelfer?
- Und nochmals: Ounjougou liefert die besten Gründe dafür, den Begriff »Neolithisierung« für Afrika endlich abzulegen. In Afrika hat sich Landwirtschaft nicht nur früher, sondern auch anders und vielfältiger als in der nördlichen Hemisphäre entwickelt.

- Alles weist darauf hin, dass in Afrikas Sahara- und Sahelzone auf keinen Fall von einer freischweifenden Jäger-und-Sammler-Kultur gesprochen werden darf. Es geht vielmehr um verschiedene Formen des Pastoralismus. Die Sesshaftigkeit im pastoralen System war nie ein Problem; man lebte in verschiedenen Transhumanzkulturen (Wanderviehwirtschaften). Wie das bereits beim sudano-Zusatz geschah, widerlegen die archäologischen Ausgrabungen im Dogonland auch die Idee einer Jäger-und-Sammler-Gesellschaft, denn eine solche gibt es auch hier bloß in der Projektion. Die aus dem Gestein oder Boden hervorgeholten Werkzeuge, aber auch die Paläoökologie weisen kaum auf eine Jäger-und-Sammler-Kultur hin. Es fehlt die Anhäufung von Tierknochen, die dafür sprechen würde. Und gehört der Umgang mit Kramkram und andern Gräsern wirklich zum Sammeln? Diese Fragen stellen sich auch die Paläoökologen im Forschungsteam.

Ich fasse die Agrargeschichte des Dogonlands kurz so zusammen: Seit dem zehnten Millennium BP lebten in dieser Gegend nachweislich Schmiede und spezielle Bäuerinnen (Schamaninnen, Züchterinnen, Medizinfrauen, Handwerkerinnen) in mehreren Besiedlungen (Dörfern). Sie benutzten Steinwerkzeuge aus Quarz, Sandstein, Flint (Feuerstein) und Schiefer. Es existierte eine ausgeprägte steinzeitliche Industrie. Wir stellen fest, dass diese Industrien zu Beginn des Holozäns vom Norden, über die heutige mittlere Sahara, bis nach Kamerun vorhanden waren. Von einem langsamen Fortschritt kann man kaum sprechen, denn Werkzeuge waren schon ziemlich früh (seit 50 000 BP) gut entwickelt vorhanden.

Mit dem Holozän setzt im Dogongebiet eine mildere Periode mit vermehrtem Niederschlag ein. Dieser neue klimatische Zustand begünstigt das Wachstum wilder Zerealien, vor allem Kramkram, die genutzt werden können. Dazu kommen Knollenfrüchte (Yams oder Tubers). Langsam wächst eine neue Agrargesellschaft, die auf Hirse, Guinea-Reis und Yams basiert. Nach dem neunten Millennium BP werden Reib-, Schleif- und Mühlsteine immer populärer, das heißt Wildgetreidekultur setzt am Rande der damaligen Sahara ein und stimuliert Pflanzenzüchtungen. Doch man nimmt nicht irgendeine Pflanze oder irgendein Gras, weil man das »Wilde« kennt und bereits mit Bedeutungen versehen hat (etwa Kramkram).

Der Yamé mit seinen Flussflankierungen oder Abhängen macht diese einzigartige archäologische Dokumentation möglich. Ounjougou ist eine archäologische Flussuferbibliothek. Wir müssen sie nur zu lesen wissen.

Vom Kramkram zur Hirse

Was kann ein afrikanischer Agrarhistoriker dem reichhaltigen Ounjougou-Material bereits jetzt entnehmen?

Camille Selleyer von Eric Huysecoms Forschungsteam hat die Funde aller beteiligten Wissenschaften aus vier Dörfern im Grabungsbereich zusammengestellt und analysiert. Sie kommt bezüglich der vier offengelegten Dörfer Gologou, Yawa, Kobo und Dimbai zu folgenden Resultaten:

In Gologou gibt es Hinweise auf total 19 verschiedene Pflanzen, die für den »Haushalt« benutzt wurden: 9 Graminäen; 4 Pflanzen, von denen die Blätter, und eine, von der sowohl Blatt wie Frucht benutzt wurden; 5 Tubercules (Wurzeln auf dem Weg zu einer möglichen Entwicklung zu Tubers).

Im Dorf Yawa sind es 28 verschiedene Pflanzen: 8 Graminäen, 12 mit Blätternutzung, 4 Knollen und 4 Früchte;

Kobo weist 23 Pflanzen auf: 6 Graminäen, 12 mit Blätternutzung, 3 auch mit Früchtenutzung, 4 Knollen, 1 Wildgemüse;

In Dimbai werden 24 Pflanzen im Haushaltsbereich genutzt: 7 Graminäen, 11 mit Blätternutzung (1 mit Frucht), 4 Knollen, 2 gezüchtete Früchte.

Was auffällt, ist die Verschiedenheit oder erstaunliche Pluralität auf engstem Raum; bereits innerhalb von vier nachbarschaftlichen Dörfern hat man große Variabilität.

Unter den Graminäen (Süßgräsern) figurieren:

- *Cenchrus biflorus* (Kramkram);
- *Dactyloctenium aegyptium* (Ägyptengras mit Ähren);
- *Eragrostis tremula* (in Mauretanien Lehmleiche genannt; liebt Sandböden);
- *Echinochloa colona* (im Tschad als Nahrung bei Hungersnot bekannt; sogenannter Dschungelreis oder auch Hühnerhirse);
- *Oryza barthis* oder *O. longistaminuta* (noch unklar, um welche Wildsorte von Reis es sich hier handelt).

Die Blätter nutzte man bei:

- *Cleome gynandra* (scheint beliebt gewesen zu sein und wurde auch gehandelt; auf Englisch heißt diese Nutzpflanze African Spider Flower [Afrikanische Spinnenblume]; sie ist ein Geschmackverstärker, wird gekocht und zu Ballen verarbeitet);
- *Cassia tora* (eine Form von Kaffeeersatz, zichorienähnlich, wenig genutzt);
- *Tribulus terrestris* (Erdwurzeldorn, Nutzung nicht sehr verbreitet);
- *Leptadenia hastata* (*Acacia arabica* oder *A. nilotica*; Blätter werden gekocht und geballt; heute als Couscous-Zugabe benutzt).

Unter den Tubercules (Pflanzenknollen, Wurzelknollen, z. B. Zwiebel) gab es:

- *Nymphaea lotus* (Seerose mit Wurzelknöllchen);
- *Cyperus esculentus* (Erdmandel, Tigernuss; Sauergrasgewächs, wobei die unterirdischen Ausläufer, die Stolonen, sehr ölhaltig sind).

Für diese Gegend Afrikas nicht ganz atypisch fehlen frühe Formen von Bohnen und Erbsen.

Wir erleben in diesen vier Dörfern den Übergang – sozusagen in Zeitlupe – vom Wildling zur Kulturpflanze (der Fachbegriff heißt Kultigen), in diesem Fall vom Wildgras zur kultivierten Hirse (*Pennisetum glan-cum*). Interessant ist, dass Kramkram *(Cenchrus biflorus)* von den Dogon in dieser Entwicklung nicht fallen gelassen wurde; übrigens bis heute nicht. Kramkram bekommt dann einen wichtigen Platz unter den Nutzpflanzen, wenn eine Hungersnot droht.

3.
»Stammesgeschichten«

Die Dogon – ein gewordenes Volk

Die Dogon sind ein sehr kleines, aber mysteriöses Volk in Mali. Vielleicht gerade deshalb wurden sie von Wissenschaften aller Art studiert, von der Psychoanalyse bis zur Kosmologie. Ihre Masken, ihr Denken, ihre Mythen und ihre Sprache wurden ausführlich dokumentiert, analysiert und fotografiert. Zwei ethnologisch Forschende, Marcel Griaule und Germaine Dieterlen, haben 25 Jahre lang im Dogongebiet gelebt und wurden sogar in die dortige Kultur initiiert. Von dieser Erfahrung berichtet ein Klassiker der Ethnologie, nämlich Marcel Griaules bereits 1948 auf Französich erschienenes *Dieu d'eau. Entretiens avec Ogotemmêli* (dt. *Schwarze Genesis: ein afrikanischer Schöpfungsbericht,* 1970). Auch dieses Werk folgt dem damaligen Trend der Ethnologie und beschäftigt sich mit den Geheimnissen und Mysterien der Dogonkultur. So profane Dinge wie Landwirtschaft und Alltag interessierten nicht.

Heute machen die Dogon innerhalb von Mali noch etwa fünf Prozent der Bevölkerung aus. Sie leben rund um die Falaise de Bandiagara, einen Felszug mit eindrücklichen Klippen und Sandsteinplateaus. Es heißt oft, dass die Dogon überforscht seien. Man scheint sehr vieles über ihre Mysterien, Religion und Esoterik, über Geheimgesellschaften, das Sozialsystem und die Architektur zu wissen. Doch vom einstigen Alltag wissen wir wenig; von ihrer Agrargeschichte schon gar nichts. Das könnten der Archäologe Eric

Huysecom und sein Team ändern, die seit Jahren am Yamé-Fluss, dem Hauptwasserlauf des oberen Dogonlandes, von der Ortschaft Ounjougou aus zum Thema Agrarwirtschaft arbeiten.

Bei den Dogon wirkt alles symbolisch – da kann man die frühen Forscher, die bei dieser Symbolik stehen blieben und sie nicht in ein größeres Ganzes einordneten, bis zu einem gewissen Grad verstehen. Auch der karge Boden mit den Zwiebelpflanzungen und den rauen grünen Stängeln, aus denen die Soßen der Dogon entstehen, hat Symbolcharakter: Die Zwiebel kam erst spät hinzu, das bittere Kraut war schon lange vor Ort. Das Ursprünglichere, Eigene war bitter und zäh, doch man nahm immer wieder, selbstbestimmt, von außen auf und mischte. – Es ist eine leere Behauptung, dass die Dogonkultur »die urtümlichste und afrikanischste aller Kulturen auf dem Kontinent« sei, wie im großen von Kwame Anthony Appiah und Henry L. Gates Jr 1999 herausgegebenen Lexikon *AFRICANA. The Encyclopedia of the African and African American Experience* steht. Der wirklichen Geschichte der Dogon ist noch niemand systematisch nachgegangen.

Wenn man die zerrissenen und rohen Abhänge des Bandiagara-Massivs betrachtet, die unten am Fuß in eine Moorlandschaft übergehen, beginnt man nachdenklich zu werden und fragt sich: Wie kommt ein Volk dazu, sich in dieser unwirtlichen Gegend anzusiedeln? Wie kann ein solch randständiges Volk weltbekannte Kulturwerte wie die Masken und Holzstatuen der Dogon hervorbringen?

Die Dogon werden in der traditionellen Ethnologie unsinnigerweise sowohl ethnisch als auch linguistisch zur Sudangruppe gezählt, doch sie sind ein gewordenes Volk, hervorgegangen aus Verfolgten und Flüchtenden und vor Sklavenjägern Schutz Suchenden. Das Dogongebiet liegt im Schnittpunkt der Nord/Süd- und der Ost/West-Migrationsrouten. Das erklärt vielleicht, warum die meisten Dogon vier bis fünf Sprachen oder Dialekte sprechen. Die Geschichte der Dogon ist eine Amalgam-Geschichte. Vielleicht ist das Hybride gerade ihr Geheimnis und ihre Stärke; Selbstbewusstsein und Selbstsicherheit erwuchsen aus diesem gemischten und gemachten Zusammenhalt. Viele andere Völker und Kulturen gingen also den Dogon voraus. Alle neueren Funde weisen darauf hin, dass es nicht nur die Geschichte eines Dogonvolks gibt, sondern auch der Dogon-Gegend.

Im alten Malireich ließen sich die Dogon nicht integrieren. Sie wehrten sich gegen eine Islamisierung, wie sie im Malireich von Beginn weg, ab dem 13. Jahrhundert, angestrebt wurde. Gerade deshalb waren die Dogon Freiwild für die Sklavenjäger, die keine Islamisierten zu Sklaven machen konnten oder durften. Diese Geschichte macht verständlich, dass die Dogon bis heute menschenscheu sind; aber gerade dieser Charakterzug löste wohl auch Faszination aus, und so wurden sie zu begehrten Studienobjekten.

Die Dogon leben in einer ganz eigenen kleinen Ökozone mit einem Mini-Klima am Rande der ariden Sahelzone. An einer Felsformation wie dem Bandiagara-Massiv reiben sich Wind und Gestein besonders heftig. In den Niederungen entsteht dadurch ein besonderes lokales Klima. Wichtig im Alltag der Dogon waren Staub und Sand, Wind und die plötzliche Ruhe, die mit der größten Sonneneinstrahlung und nachfolgender Hitze eintritt. Hat sich all das auf die Landwirtschaftsgeschichte ausgewirkt? Leider hat sich bis vor Kurzem niemand an eine Agrargeschichte der Dogon gemacht.

Ganz neue und total unerwartete Dimensionen der Dogonforschung brachte eigentlich ein Zufall. Eric Huysecom, Professor an der Abteilung für Anthropologie und Ökologie an der Université de Genève, wurde zu Grabungsarbeiten in Ounjougou angeregt, als er bei einer Forschungsreise Mitte der 1990er-Jahre in der Gegend auf einen sonderbaren Fund aufmerksam wurde. Voraus war berichtet worden, dass am südlichen Rand der Sahara ein poliertes Steinbeil gefunden worden sei. Der Archäologe aus Genf reiste hin, denn das Steinbeil wies eindeutig auf die Jungsteinzeit hin, also nach traditioneller oder üblicher Datierungsweise auf die Zeit um 2500 BC. Das war sensationell, denn es war der erste Fund dieser Art südlich der Sahara. Er fand vor Ort bald auch eine Pfeilspitze aus weißem Quarz. Erste Grabungen brachten ein gefälliges Gefäß und ein paar Steinwerkzeuge an den Tag. 1996 wurde der erste Forschungsbericht veröffentlicht.

Plötzlich erhielt das Dogonland ganz andere zeitliche und kulturelle Dimensionen. Vor den Dogon hatte es immer wieder andere Völker und Menschen in dieser unwirtlichen Landschaft gegeben. Die Datierungen des Mitarbeiters von Huysecom, Stephen Stokes, haben die Geschichtsparameter für die Dogon neu gelegt. Die verbesserten Datierungsmethoden, aber auch die veränderte Einstellung der Datierenden selbst haben die koloniale Kurzsichtigkeit korrigiert.

Huysecom hat diese Neuorientierung im Datieren auch bezüglich der Dogonholzstatuen eingebracht. Wie die Kollegen in anderen Forschungsbereichen, nahmen auch die Kunsthistoriker bis Ende des 20. Jahrhunderts an, dass Holzkunst wegen der Hinfälligkeit des verwendeten Materials höchstens hundert Jahre alt sein könne. Huysecom wusste aufgrund der archäologischen Arbeit in Mali, dass diese Datierung für die dortigen Holzstatuen unmöglich zutreffen konnte. Das Museum Rietberg, das eine entsprechende Ausstellung plante, vertraute dem Experten. Eine neue Messmethode aus Florida wurde angewendet. Danach wurden die Holzkunstwerke ins 12. oder 13. Jahrhundert AD datiert. Diese historische Zuordnung warf sogleich neue Fragen auf. Die Blüte des alten Malireiches war eine für die Dogon schwierige Zeit; man nimmt an, dass sie damals verfolgt und vertrieben wurden, weil sie nicht islamisch werden wollten. Wozu wurden ausgerechnet in dieser Zeit diese faszinierenden Statuen aus Holz geschnitzt? Als Geschichtsbuch zur Erinnerung oder als Begleiter und Schutzkräfte?

Immer mehr Spezialisten machten mit in Huysecoms Forschungsteam. Studierende von nah und fern erhielten eine einmalige Chance. Es war ein Projekt von außergewöhnlicher Vernetztheit oder Interdisziplinarität. Die UNESCO war Schirmherrin über die Arbeit von fünf Universitäten mit verschiedenen Abteilungen. Projektleiter und Koordinator dieses Forschungsnetzwerkes war Professor Eric Huysecom. Wichtig waren dabei auch die Geologen, die all die verschiedenen Ablagerungen von Gesteinen und Sand schichtweise festhalten konnten – von äolisch zu alluvial und kolluvial. Dazwischen wurden Reste von Pollen, Samen, Blättern, Kohle, Holz und Kot gefunden und eingeordnet. Schächte wurden errichtet, um in die Tiefe zu gelangen. Ja, man gelangte wirklich ins früheste Paläolithikum; Zeugnisse davon waren Pfeilspitzen und Steinwerkzeuge, datierbar um 51 000 BC. Von diesem Ausgangspunkt aus konnten die Forscher »aufwärts«, von einem historischen Großereignis zum nächsten gehen, die grüne Sahara, ihr Eintrocknen, immer neue und andere Migrationen, die andere Werkzeuge mit sich brachten. Phase nach Phase arbeitete man sich hoch bis in die Kolonialzeit. Man fand Kratzer, Schaber und alle Arten von Werkzeugen aus Kieselstein und Quarz und sogar erste Eisenwerkzeuge aus lokalen Schmieden.

Die Forschung begriff, dass diese ganze Kultur dem Yamé zu verdanken ist; denn dieser Fluss führt im kurzen Abschnitt des Dogonlands das ganze Jahr über Wasser. Er verschwindet im Untergrund und kommt bei Regenzeit wieder abschnittweise an den Tag. Hier konnten die Forscher begreifen lernen, warum den Dogon Wasser so heilig ist und warum das Krokodil als Bewohner des Yamé bei den Dogon symbolisch eine derart zentrale Rolle spielt.

Auf den Spuren des Krokodils

Der Legende nach ist es das Krokodil, das die Dogon in ihr Land geführt hat: Ein Dogon und seine Familie waren feindlichen Reitern entkommen und hatten in der felsigen Gegend ein Versteck gefunden, in dem sie mehrere Tage lebten. Solche Legenden nehmen die Historiker übrigens als einen Hinweis dafür, dass die Dogon Flüchtlinge aus dem Malireich waren. Das alte Malireich besaß eine gefürchtete Kavallerie mit gut 40 000 Pferden, von den Maliern gezüchtet. Kehren wir zurück zu unserer Geschichte: Die Dogonfamilie fand wie gesagt Schutz in einer Höhle, doch dann waren ihre Vorräte aufgebraucht. Der Mann ging auf die Jagd, hatte aber kein Glück. Er ließ sich im Schatten einer Felswand nieder und hatte sehr großen Durst. Da sah er plötzlich ein Krokodil; es kam auf ihn zu und schaute ihn an, als ob es etwas sagen wollte. Der Mann stand auf und folgte dem Tier. Das Krokodil führte ihn zu einem großen Teich, schaute ihn nochmals an und verschwand dann im Wasser. Als der Mann seinen Durst gestillt hatte, schaute er sich um, und der Platz gefiel ihm. Er holte seine Familie und baute ein Haus: ebenso taten es seine Brüder, und so entstand Bandiagara, die Hauptstadt des Dogonlandes.

Das Krokodil ist den Dogon heute noch heilig. Alles Heilige ist zugleich offen und versteckt und daher schillernd. Das Krokodil bewegt sich zwischen den Lebenden und den Ahnen, die nach afrikanischer Überzeugung auf der Rückseite des Erdbodens gehen, auf dem wir uns bewegen. Die Fußsohlen des Krokodils berühren also beinahe unsere Fußsohlen. Weiter ist das Krokodil bereits alles zu verschlingen, was ins Chaos zurückmuss, und wird deshalb auch für sogenannte Gottesurteile eingesetzt. Wer vom Krokodil verschont bleibt, ist hoch angesehen.

Das Land der Serer

Während die Dogon aufs Intensivste erforscht wurden, passten die Serer in kein wissenschaftliches Konzept. Die Dogon faszinierten wegen ihres Hangs zu esoterischen Symbolen; die Serer waren bodenständige Bauern im Sahelgürtel von Senegal. Selbst ethnologisch kam man nicht an sie heran, denn sie lebten durch alle Völker und Ethnien von Senegal hindurch. Nichts war bei ihnen eindeutig, nichts war klar abgrenzbar. Sie bahnten sich ihren Weg wie die Liane in einer Hecke.

Doch schließlich erhielten auch die Serer ihre Würdigung in Form einer gigantischen Studie des Geografen und Agronomen Paul Pélissier. Pélissier gilt in Frankreich als Initiant und heute als Kapazität einer »entkolonialisierten Geografie«, wie er sein Forschen bezeichnet. Er lehrte und forschte in den 1950er- und 1960er-Jahren elf Jahre lang in Senegal, an der Universität von Dakar und an verschiedenen frankofonen Instituten Westafrikas. Sein 800-Seiten-Hauptwerk bewegt sich – genau so, wie es die Serer tun – zwischen Beobachtung und Nachdenklichkeit, zwischen Forschung und Poesie, zwischen Kargheit und Exuberanz. Es ist kein Geschichtsbuch; die an Agrargeschichte Interessierten müssen selber aus diesen unzähligen Anregungen auswählen und kombinieren. Schon der Titel *Les paysans du Sénégal – les civilisations agraires du Cayor à la Casamance* (Die Bauern des Senegal – die Agrarkulturen von Cayor bis zur Casamance) verlässt thematisch die Serer. Angesprochen sind alle Bauern des Senegal, die etwas von deren Erbe mitbekommen haben und daraus leben, man könnte sagen: sererisiert sind. Es ist sogleich erkennbar, dass das Serer-Sein nichts mit Blutsverwandtschaft oder einem Stamm zu tun hat. Die Serer sind eine Zivilisation oder eine Bauernmentalität oder eine Lebensweise in dieser ariden und semiariden Gegend des Sahel.

Die heutigen Serer haben sukzessive an Bedeutung verloren; die Modernisierungen – auf agrarischem Gebiet insbesondere die Einführung der Erdnuss-Monokultur – haben ihre Kenntnisse und Kunst nutzlos gemacht. Mit dem Kolonialismus kam das Geld, und alle Einheimischen verarmten. Dennoch darf mit Stolz gesagt werden: Etwas von dieser etwa zweitausend Jahre alten Tradition lebt weiter, weil sie nie oberflächlich war.

Der erste senegalesische Präsident, Léopold Sédar Senghor (1906–2001), der ureigenste Vertreter der neuen afrikanischen Dichtung, Négritude genannt, bezeichnete sich als Serer und führte seine poetische Denkweise auf die uralte Agrartradition zurück. Ich möchte diese Tradition in folgenden Punkten zusammenfassen:

- Die traditionellen Serer waren fähig, dem Sand seine Geschichte zu entlocken; seine Wege zu deuten; zu sehen, wie und wo ein Sand anderen Sand aufnahm.
- Aus den Sandspuren wussten sie zu lesen, wo die Erosion stark war, und folglich, wo etwas dagegen getan, etwa ein Busch angepflanzt, eine Akazie gesetzt oder versetzt werden musste.
- Das Land als Ganzes war für sie dasselbe, was für uns ein Buch ist. Sie vermochten es zu entziffern und zu deuten.
- Zentral war der Baum: Er formte und schützte eine Landschaft; um einen Baum herum entstand Landschaft.
- Die Gräser waren die Kinder dieser Landschaft; sie brauchten strenge und strikte Sorgfalt und Pflege; das zwang zu Mäßigung von Ziegen und Schafen.

- Der Bauer musste mit allen Pflanzen, Gräsern und Bäumen reden; musste sie loben und besingen, aber auch ab und zu Schelte über sie gießen.
- Serer schrieben in die Wolken und in den Sand; das war ihre Kommunikation mit Fauna und Flora, mit Wind und Regen. Sie beeinflussten so Regen oder Erosion.
- Einfluss nehmen, Mit-dabei-Sein oder Zusammenführen, ab und zu auch Kreuzen – all das gehörte zur Agrarkosmologie der Serer; das war aktive Agrargestaltung; all das wurde von Generation zu Generation weitergegeben und war wesentlich für ihre bäuerliche Denk- und Verhaltensweise.

Der Mensch ist dazu da, einzugreifen, mitzuleiden oder mitzugehen. Die Serer verweigerten sich dem Islam, weil dessen strikter Monotheismus ihrer Denkweise völlig widersprach. »Mit dem Islam lässt sich nicht bauern«, besagt eine alte Redeweise der Serer. Da sie jedoch sehr tolerant waren, nahmen viele den Islam nicht an, sondern fügten ihn zu ihrer Lebensweise hinzu. Eine ähnliche Lebensphilosophie auf dem afrikanischen Kontinent ist die der Yoruba in Nigeria. Ihre Denkweise ist ebenfalls tolerant und großzügig. Berühmtester Sohn des Yoruba-Kosmos ist der 1986 mit dem Literaturnobelpreis ausgezeichnete Wole Soyinka.

Oft wurden die Serer zu rasch und ganz falsch in ein bestimmtes Schema gesteckt. Man kategorisierte sie als Naturverehrer oder als Animisten; andere klagten sie sogar der Vielgötterei an. Pélissier fand, dass das, was andere als zwei verschiedene Gottheiten der Serer sahen, nichts anderes war als die Einschließung der zwei Aspekte (mit Übergängen) von Tag und Nacht, von Schmerz und Lust oder von Geburt und Tod. Die Weisheit der Serer besagte, dass man nur tolerant sein kann, wenn man angesichts eines Objektes, ob körperlicher oder geistiger Art, fähig ist, mehreres und manches zugleich zu sehen.

Die Liebe zum Baum

Die Serer liebten Holz; Holz stand für Wiege und Sarg, für Liebe und Sorge. Holz stammte von Bäumen, und so gehörte ihre Liebe auch dem Baum. Die Serer haben sich regelrecht in die Akazie verliebt. Sie kannten verschiedene Akazienarten; diese standen nicht zufällig im kargen Feld. Die *Acacia albida* (Sas in derSerersprache) wurde durch sie zur senegalesischen Akazie. Sie züchteten sie, sie pfropften gar. Man kann heute diese Bearbeitungsweise der Akazie auf mindestens 2000 Jahre zurück nachweisen.

Genauso wichtig ist die *Acacia raddiana* (Sing), die in der Gegend von Cayor und Baol vorherrscht. Die Akazien stehen alle in enger Beziehung zu den lokalen Böden, denn ihre Aufgabe ist es, diesen Boden entweder zu befruchten oder wiederaufzubereiten. Wichtig ist auch die *Acacia senegal* (Kad). Sie vermag Stickstoff im Boden zu erzeugen. Einige Kad haben Wurzeln, die bis 35 Meter in die Tiefe reichen, um in allen Bodenschichten verschiedene Nahrung aufnehmen zu können. Interessant ist, dass Europäer diese Akazien meist als wild empfinden, aber die botanische Beobachtung hat ergeben, dass etwa die *Acacia albida* in der Wildnis nicht gedeiht; sie braucht das kultivierte Milieu: »Sie ist stets von einer agropastoralen Kultur begleitet«, schreibt der Forscher Louis Giffard 1965. Wichtige Hinweise in diese Richtung gab der Botaniker Auguste Chevalier schon 1928; doch er wurde verlacht. Ein französischer Kolonist meinte, hier zeige sich, dass die Neger noch blöder seien als angenommen; denn sie verehrten die Bäume nicht nur; sie meinten gar, mit Bäumen könnten sie Landwirtschaft betreiben. Chevalier hingegen schrieb: »Alle Akazien dieser Gegend sind fähig, Mineralien und Proteine im Boden aufzunehmen und zu verteilen.« Akazien können das, weil sie leguminöse Eigenschaften haben, das heißt der Familie der Hülsenfrüchte angehören.

Die zweite große Baumliebe der Serer war der Baobab *(Adansonia digitata)*. Er war das Zeichen für Allumfassendes oder die Vielseitigkeit. Er war der Ort der Weisheit und der Tradition; vor allem jedoch war er ein Symbol für die Breite einer Agrarkultur. Nicht mit der Monokultur, sondern in der Vielfalt konnte man sich gegenseitig schützen und beschirmen.

An dritter Stelle steht die Sahelpalme *(Ziziphus jujuba)*. Sie ist dornenreich und daher nützlich zum Einzäunen des Viehs und Schutz vor wilden Tieren. Pélissier beschreibt ausführlich die Macht und Magie, die Wirkung und Funktion der Blätter und auch der betreffenden Früchte: Die Früchte werden in den Mägen (Pansen) der Wiederkäuer verarbeitet und später als Kot ausgeschieden und somit zur Fruchtbarkeit verbreitet. Die außerordentliche Bedeutung des Baums zeigt sich im serischen Sprichwort »Wenn jemand einen Baum fällt, entfernt er drei Säcke Hirse aus der Vorratskammer«.

Es stimmt, die Serer fällten selber auch Bäume; sie betrieben zeitweise eine Slash-and-Burn-Landwirtschaft. Doch das geschah unter Kontrolle und in strenge Riten eingebaut. Ausnahmen von dieser Ordnung haben mit der Kolonialzeit zugenommen, meint Pélissier. (In der Geschichte »Slash and Burn« wird auf neue Erkenntnisse aus dem afrikanischen Raum hingewiesen.)

Böden sind heute in Mali weniger ertragreich als in Senegal. Das basiert nicht einfach auf geologischen oder klimatischen Begebenheiten, denn es gab einst kaum einen großen Unterschied und wenn schon, dann eher in die andere Richtung: Ohne Pflege wären Senegals Böden armseliger, saurer und mineralienärmer als die malischen. Doch die Böden Senegals wurden durch Jahrhunderte hindurch gepflegt und verbessert von den historisch einzigartigen serischen Bäuerinnen und Bauern.

Hamiten – die Vorläufer der Europäer?

Manchmal weiß man nicht, ob ein bestimmter Begriff Teil eines Mythos oder schlicht und einfach ein bewusst eingestreutes und gezüchtetes Vorurteil ist. Ein solches Wort voller Konfusionen ist »hamitisch«.

Die These vom hamitischen Einfluss im Nordosten Afrikas, die deutsche Wissenschaftler zu Beginn des 19. Jahrhunderts vertraten, hat sich verheerend ausgewirkt. »Hamitisch« wurde als Begriff von den Linguisten eingeführt; diese kategorisierten bestimmte Sprachen im »Sudangürtel« (auch dieser Begriff ist verdächtig) als hamitisch. Dann schlich sich das Wort bei den Ethnologen ein. So wurden die Tutsi in Ruanda-Burundi als hamitisch bezeichnet, obwohl die Tutsi genau dieselbe Sprache wie die Hutu verwendeten – nämlich ein klassisches Bantu. Doch die Tutsi waren – rein äußerlich betrachtet – größer, schlanker und graziler, also konnten sie, nach Ansicht der damaligen Wissenschaft, gar keine Bantu sein. Ethnologen wie der nationalsozialistische Afrikaspezialist Hermann Baumann und Linguisten, deren Einteilungen zwischen nilotisch, hamitisch und anderen Versuchen hin und her schwankten, haben also die Ruandesi und die Burundis als unterschiedliche Völker geschaffen und damit auch Grundsteine für den späteren tragischen Zwiespalt gelegt.

Man hat in der Wissenschaft des 19. Jahrhunderts die Völker nach dem Äußeren kategorisiert; man kam nicht einmal auf die

Idee, sie nach ihrer Betätigung zu beurteilen und von dort ihre Körperverschiedenheit abzuleiten. In diesem Zusammenhang denke ich an die schweizerischen Bergvölker von einst: im Appenzell, in der Zentralschweiz oder im Napfgebiet, drei Regionen, die zwei Seiten, mit klein gewachsenen respektive längeren Menschen, kannte. Heute sind die Bewohnerinnen und Bewohner dieser Gegenden – ohne genetische Veränderung – fast alle groß gewachsen, denn ihre einst gebückte Tätigkeit am Bergabhang hat sich verändert. Ich würde diesen Vergleich durchaus auf die Körperbeschaffenheit der Tutsi und Hutu übertragen.

Die Wissenschaft nahm damals an, dass die Hamiten progressiver seien, stolze Viehzüchter und gute Krieger, die sich erhobenen Haupts der tiefer bewerteten Hackkultur verwehrten. Dass solche Annahmen zu Beginn des 19. Jahrhunderts auftauchten und sich so lange hielten, sogar noch während der Hitler- und der Mussolini-Zeit, hatte fatale, ja sogar tragische Nachwirkungen. Die wissenschaftliche Kategorisierung hatte bekanntlich auch politische Konsequenzen.

Die Unbeholfenheit, Afrika begrifflich einzufangen, war eine Folge der These, dass alle Geschichte und Kultur vom Osten, vom fruchtbaren Halbmond, ausging und über Ägypten und den Sudan nach Afrika einfloss. Der Begriff »hamitisch« ist also ein Ausfluss der Diffusionstheorie. Diese ideologische Annahme hat die gesamte Begrifflichkeit verzerrt – und man hat dies bis heute nicht bereinigt. Die Bezeichnung »Sudangürtel« für den gesamten geografischen Streifen vom heutigen Sudan bis Senegal ist von den Franzosen geprägt worden, ohne die archäologische und die wenige vorhandene historische Forschung zu berücksichtigen. Diese Fehlbezeichnung wirkt sich bis heute in einem politischen Drang nach einem Großsudan aus.

Schreiten wir den »wissenschaftlichen« Weg dieser Begriffsbildung ganz kurz ab. Als Erster hat der etwas dubios oder rassistisch eingestellte Sprachforscher Ernest Renan (1823–1893) »hamitisch« verwendet. Er ging vom biblischen Ham, dem Sohn Noahs, aus, der dunkelhäutig gewesen sein soll (1. Mose, 10). Die Gegenbegriffe dazu waren »semitisch« und »japhetitisch«. Diese Begrifflichkeit nahm der deutsche Afrikanist Johann Ludwig Krapf (1810–1881) auf; er leitete alle Bantusprachen vom Hamitischen, Nilohamitischen oder Orphnohamitischen ab. Alle Viehzüchter oder Pastoralisten Afrikas, also selbst die Masai, die Peul respektive Fulani, waren gemäß Karpf hamitisch. Später übernahm die Sprachwissenschaft weltweit »hamitisch« als Oberbegriff für alle nicht semitischen Sprachen Afrikas. So kommt es, dass unter anderem auch Hausa eine hamitische Sprache sein soll.

Skurril wurde das Ganze, als auch noch eine Einwanderung überlegener Hirtenvölker aus Asien postuliert wurde und die Veterinärwissenschaft diesen »hamitischen« Ursprung auf die gesamte Haustierdomestikation zu übertragen begann. Deshalb konnte das bis vor Kurzem allgemeingültige Standardwerk über Haustiere auf dem afrikanischen Kontinent, Helmut Epsteins *The Origin of the Domestic Animals of Africa* (Der Ursprung der Haustiere in Afrika), keine einzige afrikanische Domestikation feststellen.

»Hamitisch« kann nur als ein Mythos, der aus bibelbefangenem Denken hervorgegangen ist, verstanden werden. Der Hintergrund ist rassistisch oder ideologisch. Wegen dieser Scheuklappen konnte selbst die objektiv sein wollende Wissenschaft die Existenz lokaler Züchtungen in Afrika nicht in Betracht ziehen. Eine hoch entwickelte Agrarkultur traute man den afrikanischen Menschen ganz einfach nicht zu. Der Hamiten-Mythos diente letztlich als unwissenschaftliche Diskriminierung der Bantu und ihrer Hackkultur, die als inferior hingestellt wurde. Der Pastoralismus mit seinen Haustieren, so wurde unterstellt, steht dem Europäer näher als die krude afrikanische Bantu-Landwirtschaft.

Es ist schwer vorstellbar, dass noch 1966 bei meinem eigenen Agrarsoziologie-Examen die Werke des britischen Anthropologen Charles G. Seligman, *Races of Africa* aus dem Jahr 1930 (Die Rassen Afrikas) und *Egypt and Negro Africa* von 1934 (Ägypten und Schwarzafrika), Prüfungsgrundlage waren. »Hamiten drangen langsam in Afrika ein; sie waren sozusagen die Vorläufer der Europäer«, hieß es bei Seligman – und in meinen Examenspapieren. Der US-Ethnologe George P. Murdock versuchte noch 1959 basierend auf dem Begriff »Nuclear Mande« (etwa: die Mande-Kernsprachen) einen Kompromiss mit der Diffusionsthese zu finden. Die Basis der Nuclear Mande sei afrikanisch, behauptete er, die Einflüsse jedoch seien hamitisch. In seinem Werk über die Kulturgeschichte Afrikas wollte er unbedingt die Hausa in den Kultivierungsprozess am Niger einbeziehen. Und im *Lexikon der Völker und Kulturen*, herausgegeben von Waldemar Stöhr, heißt es in den 1970er-Jahren immer noch: »Mande ist der Begriff aller Sudanneger im Westsudangebiet.« Die Begriffe »Mande«, »hamitisch« und »sudanesisch« sind eng miteinander verwandt; sie ergänzen sich gegenseitig und sind alle falsch.

Agrargeschichte kann in dieser Diskussion einen wichtigen Beitrag leisten, weil sie den Abbau von Unterstellungen und Vorurteilen ermöglicht, die immer noch überall gefährlich »im Busch« der Menschheit lauern – ob es sich nun um sozial, politisch oder ökonomisch unerforschte und unverstandene Gebiete handelt. Wissenschaften weigern sich oft deshalb, ihre Begriffe zu ändern, weil die Kontinuität der Forschung darunter leidet. Sollen wir deshalb mit ideologischen Scheuklappen in die afrikanische Zukunft sehen?

Luo und Bantu – nichts Absolutes

Von den Linguisten werden die Luo meist als Niloten, das heißt Sprecher einer nilotischen Sprache, charakterisiert. Der Agrarhistoriker jedoch sieht zuerst eine Ansammlung von Viehhaltern und Pastoralisten im Südsudan, in Nordkenia und Norduganda sowie in einem Streifen von Westkenia bis Südäthiopien, die alle eine ähnliche, also miteinander verwandte Sprache kennen. Ob sie wegen der Sprache oder wegen ihres Lebensstils miteinander verwandt sind, wird zurzeit an den ostafrikanischen Universitäten heftig debattiert. Die linguistische Bezeichnung »nilotisch« steht dabei auf eher schwachem Fuß; man hätte sich statt am Nil besser an der pastoralen Lebensweise orientiert und die »Niloten«, die etwa 25 Kleinvölker umfassen, als Luo zusammengelassen. Wozu diese beinahe mythologische Ausrichtung auf den Nil?

Bis vor Kurzem gingen Afrikanisten von stark ideologischen Grundlagen aus und wussten wenig von Pastoralismus und Hackkultur und den daraus entstehenden Beziehungen oder Interaktionen. Sie studierten nicht Wanderungen und Akkulturationen, sondern sahen die Welt ziemlich statisch und ohne die ständige Interaktion, die die soziale und ökologische Nachbarschaft mit sich bringt.

Neuere Arbeiten gehen da ganz anders vor. Der Historiker Edward I. Steinhart etwa zeigte 1979 in der Dalhousie-Studie an einem Beispiel aus Ruanda, was passiert, wenn Einwanderer sich integrieren. In diesem Fall übernahmen die Luo die lokalen Geister und schrittweise auch die lokalen Gottheiten. Völlig überraschend war jedoch, dass die Einwanderer sich nicht bloß assimilierten, sondern mit der Zeit sogar die Hüter respektive die »Priester« der Geheimnisse ihres neuen Heimatlandes wurden. Steinhart zeigt überzeugend, wie Konflikte und Anpassungen zusammengehen.

Es gab in Ruanda also Luo-Einwanderer, die sich im Laufe von nur hundert Jahren so gut anpassten, dass sie »Meister« der neuen Kultur wurden. Es war jedoch niemals eine einseitige Anpassung und auf gar keinen Fall ein getrenntes Gehen von zwei Volkskulturen. Über die Kulturgrenzen hinweg wurde geheiratet und verschmolzen; das Einzige, das längere Zeit relativ anders blieb, waren die zwei verschiedenen Agrarkulturen. Beim ersten Aufeinandertreffen prallten Viehzucht und Ackerbau scharf aufeinander. Allmählich kam es zu einem Prozess von Anpassen und Abstoßen, und erst ganz allmählich entstand eine neue gemeinsame Mischagrarkultur.

Ein Experte für dieses Ineinander und Miteinander von Luo und Bantu ist der kenianische Professor William Robert Ochieng, der die Luo-Studien initiierte. Er hat 1975 in einem spannenden materialreichen Beitrag nachgewiesen, dass bei gewissen Anpassungsprozessen des Öfteren ganze Gruppen ihre Gottheiten und auch die Sprache wechselten. Sensationell klingt die These, dass im Akkulturationsprozess im Umfeld Bantu–Luo sogar ein neues Volk mit einer eigenen Identität entstanden sein könnte.

Der ebenfalls an der Dalhousie-Studie beteiligte Ralph S. Herring hat 1979 im von Bethwell A. Ogot herausgegebenen Handbuch *Ecology and History in East Africa* (Ökologie und Geschichte Ostafrikas) geschrieben: »Der historische Charakter ist nichts Absolutes, sondern vielmehr ein Produkt aus Klima, Wirtschaft und Migration.« Sein eindrücklichstes Beispiel ist der Nachweis, dass die pastoralistischen Luo sogar Fischer am Victoriasee wurden. Kurz und gut: Luo konnten sich bei der Einwanderung anpassen, denn ihre Kultur war weder monotheistisch noch monokulturell.

Herrings Luo-Studien werfen die ewigen Klischees von geschlossenen afrikanischen Stämmen über den Haufen; sie entlarven die ethnologischen Kolonialstudien über in sich geschlossene Stämme und Tribalismus als Fiktion. Und sie lassen ein viel lebendigeres Afrikabild entstehen, als es die koloniale Interpretation je tat (vergleiche dazu den Kasten »Das Miteinander als Lebensweise«). In der afrikanischen Geschichte war nichts statisch, nichts war vorgegeben, alles befand sich in Entwicklung, jegliche Abgrenzung war riskant. Afrikas Gesellschaft war seit Jahrtausenden migrierend. Die zentrale organisierende Idee heißt Anpassung, Anziehung und Abstoßung, Verschmelzung und Hybridisierung. Afrikas Agrargeschichte ist deshalb seit Jahrtausenden dauernd im Wandel, weil die Bäuerinnen und Bauern sich ständig anpassen müssen, um nicht in der Dürre zu vertrocknen oder im ausgelaugten, salzigen Boden zu versteinern.

Das Miteinander als Lebensweise

Gemäß Herrings Erkenntnissen ließen sich eingewanderte Luo vorwiegend auf Abhängen, Hügeln und Bergen (Moroto, Napak, Okaka, Liry, Mt. Masaba / Elegon) nieder. Das war wohl keine selbst bestimmte Landwahl, sondern den Luo als Neuzuzügern wurde dieses Land zugewiesen. Das heißt, den einwandernden Luo wurde wohl Land gewährt, aber eher in unfruchtbaren und höheren Lagen. Dort, wo die Bantu bereits lebten und Landwirtschaft betrieben, hatte es für die Luo keinen Platz.

Daraus folgt, dass die Luo nie Ureinwohner waren. Und daraus erklärt sich auch ihre eigenwillige Agrarkultur.

Erstaunlich ist etwa die Vorliebe der Luo für Eleusine. Die Fingerhirse, *Eleusine coracana* (L.), ist ein zähes Gras, das bis in unsere Zeit mühsam und in kleinen Schritten kultiviert worden ist. Es weist immer noch einen geringen Ertrag auf, ist jedoch gegen Trockenheit äußerst widerstandsfähig. An zweiter Stelle pflanzten die Luo Sesam, der Trockenheit ebenfalls gut verträgt. Unsicher ist die Rolle, die Sorgho, ein Getreide zwischen Fonio und Hirse, bei den Luo spielte.

Heute gibt es keine reinrassigen Luo oder Bantu mehr: Die Landwirtschaft hat sie getrennt und hat sie miteinander ringen lassen, aber sie hat sie auch geeint. Der Klügere passte sich an und wurde mit der Zeit gar »mehr« oder »besser« als die ursprünglichen Hackbauern. Im Miteinander entstand eine neue Agrarkultur, nicht nur eine andere Landwirtschaftsform, sondern auch eine neue Lebensweise.

Pygmäen – Menschen am Rand

Die Pygmäen sind und waren – seit wir von ihnen Kenntnis haben – Menschen am Rand. Sie leben an den Rändern der zentral- und westafrikanischen Ur- und Tropenwälder; und sie galten bis vor Kurzem als Wesen am Rande des Menschseins.

Vor 4500 Jahren schon entsandte der ägyptische Pharao Neferkare eine Expedition zu den Quellen des Nils, und die zurückkehrenden Forscher berichteten von ganz kleinen Menschen, die als Pygmäen bezeichnet wurden. Später erwähnten die Griechen Homer und Aristoteles »sehr kleine Wesen tief im Inneren Afrikas«.

Die Pygmäen wurden gerade wegen ihres Daseins an der Grenze, am Übergang, früh erforscht. Mehrere Ethnologen und Theologen des 19. Jahrhunderts glaubten, durch das Studium der Pygmäen zum Urmenschen vorstoßen zu können. Aus diesem Bemühen entstand unter anderem *Anthropos*, eine der wichtigsten Ethnologiezeitschriften, die bis heute weiterlebt. Ihr Gründer, P. Wilhelm Schmidt SVD, ein Missionar vom Orden des Göttlichen Worts, populär Steyler genannt, war zu Beginn voll und ganz überzeugt, bei den Pygmäen den Urglauben finden zu können. Er glaubte auf der Spur eines klaren und reinen Monotheismus zu sein, der sich erst im Laufe der Zeit abschwächte und in verschiedene Irrlehren zerfiel. Für Schmidt war es klar, dass am Anfang der Menschheit keine Irrlehre stehen konnte. Mithilfe der Pygmäen wollten die Theologen einen wissenschaftlichen Beweis gegen den Atheismus finden.

An ihrer Seite standen die Linguisten, die hofften, bei den Pygmäen den Anfang der Sprache, also eine Ursprache, zu finden. Man betrieb deshalb sehr viele Sprachstudien in allen Lebensräumen der Pygmäen. – Ich würde nun genauso falsch liegen, wenn ich bei den Pygmäen den Anfang der Landwirtschaft, eine Uragrikultur, suchen würde. Obwohl: Das wurde natürlich auch versucht; einige Agrarhistoriker nahmen an, dass am Anfang auf der Erde alles Wald war.

Die Pygmäen sind jedoch nicht als Garanten eines Ursprungs interessant, sondern im Gegenteil gerade deshalb, weil sie ein Beispiel dafür sind, wie Menschen in verschiedenen ökologischen Räumen verschiedene Formen einer Agrarkultur zum Überleben entwickeln können. Doch erst in den letzten dreißig Jahren sind in der Agroforstforschung Ansätze zum Verständnis der Pygmäen entstanden. Man differenziert und akzeptiert heute viele Variationen von Agrarkulturen, von ganz einfachen Formen, die am Rand der Wüste oder in den Bergen existieren, bis zur modernen Landwirtschaft oder gar zum industrialisierten Agrobusiness, vom Pastoralisten und Hackbauern zur Hortikultur und Agroforstwirtschaft. Erst auf diesem Hintergrund können die Pygmäen verstanden werden; denn bei ihnen stoßen wir zunächst auf Ansätze einer Silvikultur statt auf eine traditionelle Bäuerlichkeit. Für das Überleben der Pygmäenkultur kommt jedoch alles Verständnis zu spät. Die neuen Forschungsansätze beschäftigen sich mit einem aussterbenden Volk. Die Pygmäen werden bei Volkszählungen heute gar nicht mehr erfasst. Es gibt gemäß UNO-Bericht aus dem Jahr 2008 lediglich noch 150 000 Pygmäen.

Seit jeher und schon bei den frühen Ägyptern haben die Menschen die Pygmäen missverstanden, weil sie bloß vom Äußeren ausgingen und ihre Größe beziehungsweise Kleinheit so wichtig nahmen, dass sie alles andere übersahen. Die frühen Ethnologen konnten deshalb keine Einheit oder Gemeinsamkeiten der afrikanischen Menschen sehen, bloss viele verschiedene Stämme im zentralen und westlichen Afrika, die Mbuti im Ituri-Wald, Demokratische Republik Kongo, die Twa in Ruanda, Burundi und im Ostkongo, die Mbenge in Zentralafrika, Westkamerun, Ostgabun und Äquatorialguinea. Bis heute werden die wenigen noch lebenden Pygmäen überall belästigt, verdrängt, gejagt und umgebracht. Im Ruanda-Konflikt etwa lynchte man um die 20 000 Pygmäen. In Kamerun sollen zwischen 2005 und 2008 rund 10 000 Pygmäen getötet worden sein.

Es wird heute angenommen, dass die Pygmäen einst von den Bantu systematisch verdrängt worden sind. Warum? Man weiß es nicht. Die Überlebenden haben sich an die Ränder des Waldes drängen lassen oder vermischten sich teilweise mit den Bantu, je nach Gegend bantuisierte sich ihre Sprache. Man kann heute davon ausgehen, dass es ursprünglich nicht verschiedene Pygmäenstämme, sondern eine einzige Stammgruppe gab.

Bei der Bantumigration stieß die Hackkultur auf die Waldkultur. Es kam zu den in der Geschichte leider üblichen »Kulturkämpfen«: Die Bantu behandelten die Pygmäen körperlich und geistig von oben herab – diese Verachtung ist bis heute geblieben. Hätte die Agrarforschung doch früher die stolze Waldkultur der Pygmäen erfasst, wie das dem britischen Ethnologen Colin M. Turnbull 1961 auf meisterhafte Weise mit *The Forest People* (Das Waldvolk) gelang. Das Buch ist tragischerweise zu einem brillanten Nachruf auf die Pygmäen geworden. Endlich wurden diese Menschen, die sogar von den arabischen Sklavenhändlern als Ausschussware abgelehnt worden waren, ernst genommen. Es waren nicht nur die Bantu, die sich mit den Pygmäen nicht vertrugen, sondern auch die Verachtung der

Kolonialisten setzte den Menschen am Rande zu. Von 1887 bis 1908 wurden die Pygmäen – genauso wie die Hottentotten (Khoi) – an jeder Weltausstellung in Käfigen vorgeführt.

Turnbull ging als erster Forscher nicht ethnologisch, sondern ökologisch vor; er erarbeitete eine beeindruckende Waldkosmologie. Er war auch der Erste, der aufzeigte, wie sich verschiedene Agrarsysteme in verschiedenartigen Räumen entwickeln. Er stellte fest, dass es eben nicht nur das Vieh und den traditionellen Bauernstand, sondern auch Waldbewohner, *forest people*, mit einer eigenen Agrarkultur gibt. Es gehe gerade nicht um den Ursprung der Landwirtschaft, sondern um ein Stück Agrargeschichte, betonte er.

Vor Turnbull zählte man die Pygmäen einfach zu den Jägern; er jedoch fand heraus, dass Jagen bei den Pygmäen keine Priorität hat, schon deshalb nicht, weil sie eine Matriarchatsgesellschaft sind. Die Haltung der Pygmäen der Jagd gegenüber ist ambivalent. Das Grundnahrungsmittel der Pygmäen ist Yams. Archäologische Analysen von Speiseabfällen und Kot sowie die DNA-Analyse legen nahe, dass der Umgang und die Züchtung von Yams auf 40 000 bis 50 000 Jahre zurückgeht. Vielleicht sind die Pygmäen sogar die Kultivatoren dieser Frucht, die im Boden, also im Dunkeln gedeiht und so wie die Pygmäen von den Kronen des Waldes geschützt lebt? Sie selber jedenfalls sehen einen Zusammenhang, eine Verbindung, ja gar Verwandtschaft zu den essbaren Wurzeln, die Turnbull zu erklären versucht. Um Yams zu finden und zu graben, benötigt man nicht Eisen, sondern einen hölzernen Stock, der einem wie ein Königsstab Macht über den Waldboden und seine Schätze verleiht.

Sprachlose Bauern?

Vor mir liegt *Weltgeschichte der Sprachen. Von der Frühzeit des Menschen bis zur Gegenwart* von Harald Haarmann; es ist kein alter Schunken, sondern ein 2006 veröffentlichtes Buch. Das Titelblatt ist zu ungefähr zwei Dritteln rot, und darüber prangt ein ägyptisches Mosaik oder Relief. Das Bild legt bereits die Fährte, und das Rot könnte die Widerspiegelung meiner Scham oder auch des Zorns sein: Immer noch das koloniale Denken, immer noch mythische Daten (Mythen sind nicht datierbar!), immer noch die Orientierung an der neolithischen Revolution. Immer noch wird auf das mythische Indien als angeblichen Ursprung (ex oriente lux) auch unserer Sprachen verwiesen. Sowohl indo- als auch -germanisch werden als selbstverständliche Urkategorien gesetzt – kurz und gut: Keine kritische Linguistik, kein Hinterfragen tendenziöser Begrifflichkeit, kein Mut zu neuen Bezeichnungen oder Anregungen zu anderen Zusammenhängen. Eine Weltgeschichte der vorgefassten Meinungen.

Da steht – als ein auf Afrika bezogenes Beispiel – etwa, dass die Khoi Viehzüchter waren und dass sie die Viehzucht von ihren Nachbarn, den Bantu, übernommen hätten. Khoisaniden hätten den Kontinent bis nach Nordafrika oder sogar bis zu den Pyrenäen durchquert. Falls dem so wäre, warum wanderten sie? Wanderten auch die Bantu? Fanden beide Gruppen bei ihren Wanderungen keine ansässige Bevölkerung vor? Was geschah dann jeweils mit der Sprache? Beweise für oder Hinweise auf die gemachten Behauptungen gibt es bei Haarmann nicht.

Es ist lächerlich, wenn die Wissenschaft bei veraltetem Wissen und bei Ideologien stehen bleibt. In der erwähnten Sprachgeschichte findet man die Kuschiten und Hamiten: Wer waren sie denn und warum sollen sie Afrikas Sprachgeschichte so fundamental mitbestimmt haben? Die Hamiten haben in Afrika nichts oder wenig zu suchen! Warum soll es eine nilotische Sprachgruppe, jedoch keine Niger-, Kongo- oder Sambesi-Sprachgruppen geben? Müsste bei Spracheinteilungen nicht viel mehr von Ökologie und Agrarkulturen ausgegangen werden? Wenigstens hier war der deutsche Afrikanist Carl Meinhof schon auf einer richtigen Fährte mit seiner Kategorisierung von Hutu (agrikulturell), Tutsi (pastoral) und Twa (Waldrand).

Das meiste, was der deutsche, in Finnland lebende Linguist Haarmann über Afrika schreibt, stimmt so nicht. Es wimmelt von veralteten »Erkenntnissen« und kolonialen Unterstellungen. Der Autor kennt nicht einmal den Unterschied zwischen Großfamilie, Stämmen, Ethnien und Kleinvölkern und hat keine Ahnung von Agrarwirtschaft. Nach einem Glucksen oder Schnalzen wird eine Volksgruppe unter- und zugeteilt – das kommt mir sehr rassistisch vor.

Ein Bauer hat genauso seine Sprache wie der Städter; Sprache verändert sich je nachdem, ob man Viehzüchter oder Hackbauer ist. Afrikas Sprachen sind Teil der Kleinkulturen, und diese entstanden und überlebten durch Klima und Böden bedingt, die je eine besondere Form der Landaufteilung und Landpflege verlangten. Man kann nicht eine neolithische Revolution aus Europa in eine Gegend mit 120 Millimeter Niederschlag und bloß 13 Millimeter Humus übertragen. Die afrikanischen Menschen von damals gaben jedoch nicht auf und versuchten es mit Mischkulturen, Zwischenpflanzungen, Bodenpflege durch Akazien oder Windschutz durch Canarium-Bäume. Woher stammten dann die Worte, die man im Alltag brauchte? Sie entstanden aus dem Alltag der betreffenden Agrarkultur und des Tauschhandels heraus. Sicher fielen sie nicht vom Himmel.

Viele der ersten afrikanischen Linguisten waren Missionare, Priester und Pastoren. Und sie gingen tatsächlich vom Himmel beziehungsweise von der Bibel aus und hatten die lokalen Sprachen allein deshalb gelernt, um biblische Texte in die Lokalsprache übersetzen zu können. Ihr bibel- und eurozentrisches Sprachverständnis orientierte sich am Sakralen; und diese Interpretation wurde auch in Afrika angewandt, obwohl die Sprachen auf diesem Kontinent eher bodenständig, der Erde verpflichtet sind. Zum Eurozentrismus kam der Rassenwahn hinzu. Das hatte die Auswirkung, dass linguistische Forschung auf dem afrikanischen Kontinent zunächst nur in Südafrika stattfand. Wer promovieren wollte, musste die Überzeugung pflegen, dass San oder Khoi oder Nigger keine ernst zu nehmenden Sprachen hatten; man redete in der Forschung von Schnalzlauten.

Haarmanns *Weltgeschichte der Sprachen* ist noch nicht einmal dort wieder angelangt, wo vor hundert Jahren zwei große deutsche Linguisten, Carl Meinhof und Diedrich Westermann, mit ihrer Arbeit begannen. Meinhof veröffentlichte 1926 sein Hauptwerk *Die Religionen der Afrikaner in ihrem Zusammenhang mit dem Wirtschaftsleben*. Bereits 1912 hatte er das Buch *Die Sprache der Hamiten* geschrieben. Westermann veröffentlichte kurz zuvor, 1911, *Die Sudansprachen*. Seither kam man kaum weiter. Den Linguisten schien es fortan stets um Sprache an sich zu gehen. Bezüglich Afrika benutzt die Linguistik nach wie vor eine Terminologie, die politisch nicht korrekt ist und immer noch kolonial, ohne historischen Hintergrund operiert. 1960, im Zusammenhang mit der Unabhängigkeit der Kolonien, empfahl Joseph Greenberg, langjähriger Professor an der Stanford University in Kalifornien, »die afrikanischen

Sprachen tiefgründiger und mehrdimensional zu studieren«. Sein guter Rat ist an den Universitäten weltweit wirkungslos vorbeigegangen und wird kaum befolgt. Der US-amerikanische Linguist Noam Chomsky erkennt das Problem, er ist auch kein Kolonialist. Mit seiner *universal grammar*, der universellen Grammatik, welche von der neurologischen Forschung (etwa Mariacristina Musso und Cornelius Weiller) gestützt wird, ist auch Afrika mitgemeint. Doch Afrika ist – wie Chomsky selbst sagt – nicht in seinem Blickfeld. Allgemein gibt Chomsky zu, dass sein linguistischer Ansatz Sprachen weder historisch noch ökologisch zu situieren weiß.

Linguistik müsste mit Agrargeschichte verschwistert werden, denn die größte Sorge des Menschen sind – außer der Sexualität – Essen und Trinken, und diese hängen mit Agrikulturen zusammen. Mit Fruchtbarkeit haben alle diese Tätigkeiten zu tun. Sprache kommt nie von oben, sondern aus dem Yams heraus, heißt es in Westkamerun, das etwa 13 000 Sorten Yams kennt. Und warum hat das kenianische Kikuyu keine Worte für Yams? Weil es in der Sprachgegend der Kikuyu keinen Yams gibt.

Die Linguisten Peter Forster (Cambridge) und Alfred Toth (Zürich) versuchten zu errechnen, wie lange es braucht, um ein zentrales Grundwort in einer Sprache zu verändern oder abzuschaffen. Ihre Schätzung zielt auf etwa 1350 Jahre. Viele afrikanische Sprachen sterben heute aus, weil es den agrarischen und ökonomischen Subsistenzhintergrund nicht mehr gibt. Wie will man Sprache retten? Sprachen sind immer an (Agrar-)Kulturen gebunden. Fälle ich von einer Spezies den letzten Baum, braucht es das Wort bloß noch so lange, als der Baum in der Erinnerung weiterlebt. Auf der anderen Seite kann man klar sehen, dass es agrarische Produkte gibt, die entweder durch den Islam oder den europäischen Kolonialismus eingeführt wurden und in den afrikanischen Sprachen erst im Ansatz einer Heimischwerdung vorhanden sind.

Die Vergänglichkeit oder Flüchtigkeit von Sprache ist in einer oralen Kultur, wie es Afrika immer noch weitgehend ist, besonders ausgeprägt. Die Sprache erhält eine ganz andere Bedeutung, wenn es keine oder nur wenig schriftliche Literatur gibt. Dazu kommen soziale Besonderheiten: Zum Beispiel ist die Heirat in den meisten Gebieten Afrikas mit nur drei bekannten Ausnahmen exogam und auf nachbarschaftliche Ethnien ausgerichtet, also bringt die Frau eine andere Sprache mit, welche die Sprache der angeheirateten Familie, vor allem die ihrer Kinder, mitbeeinflusst. Die meisten Menschen südlich der Sahara sprechen zwischen drei und fünf Sprachen. Eine davon ist die jeweilige koloniale Hochsprache.

Wie Afrikas Menschen andere Sprachen übernehmen und sie verwandeln, zeigt die Afrikanisierung des Englischen oder Französischen. In Nigeria gibt es das sogenannte Rotten English (verdorbenes Englisch). In Ghana kreierte der Schriftsteller Kojo Laing in seinen Romanen neue englische Wörter, hängte ein Lexikon dieser Wörter an und verlangte, dass der Oxford Dictionary dieses Vokabular aufnehme. Zugegeben, diese Meister sind urbane Künstler, aber was hat man früher in einer oralen Kultur auf dem Lande getan? Gewiss haben nicht Priester, sondern vorab Bauern die neuen Wörter bestimmt.

Es gibt daher keine reinen Sprachen in Afrika; sie alle sind hybrid. Statt Ursprachen herauszuschälen, würden die Forscher besser die gegenseitigen Beeinflussungen und die Zusammenhänge mit den jeweiligen Agrarkulturen studieren. Sind die Bantu-Sprache der Hutu und diejenige der Tutsi etwa nicht aufgrund des »hamitischen Einflusses« anders, sondern einfach deshalb, weil die Tutsi Viehzüchter sind? Wie in der Landwirtschaft mischte man auch mit den Sprachen. Man passte sich an, gab nach oder wehrte gar ab.

Wie erneuert und verändert man Agrarsysteme, ohne neue Wörter zu schaffen? Alle Bantusprachen klassifizieren mit ihren vielen Präfixen (bis zu 23) ganze Bereiche. Die mi-Klasse etwa umschließt Bäume und alles, was mit Bäumen im Zusammenhang steht. Wenn ich als Europäer nun meine, das oder jenes Wort müsste doch bei der Baumklasse einzureihen sein, und es dann nicht zutrifft, macht mich das darauf aufmerksam, dass hier eine andere Vorstellung von Agrikultur miteinfließt.

Landwirtschaft und Sprache sind eng miteinander verknüpft und verwandt. Die Sprache modifizierte sich seit je, um Landwirtschaft zu verändern oder sich neuen agrikulturellen Gegebenheiten anzupassen. Wer bestimmt – die Sprache oder die Agrarkultur –, was ein Wort wirklich bedeutet und was es bewirkt?

Hottentotten und Buschmänner

Wie Ideologie, Fanatismus und Fundamentalismus blind und unmenschlich machen, zeigt das Beispiel zweier Bevölkerungsgruppen im südlichen Afrika, nämlich der Hottentotten und *Eleusine coracana* (L.), der Buschmänner. Je nach Zeitgeist wurden sie lange Zeit entweder als Afrikas Urbevölkerung oder als affenähnliche Missgeburten angesehen. Heute werden diese Völker korrekt als Khoi und San, manchmal auch zusammengenommen als Khoisan, bezeichnet. Nur noch wenige von ihnen sind übrig geblieben.

Der deutsche Ethnologe Leo Frobenius sah im ausgehenden 19. Jahrhundert in den Hottentotten und Buschmännern »Überreste des entschwundenen Atlantis, quasi ein verloren gegangener Stamm Gottes«. Ein Zusammenhang der komplexen Felsmalereien in Botswana, Südafrika, Namibia und Rhodesien mit diesen »primitiven« Völkern war völlig unvorstellbar. Doch solche Interpretationen gab es auch auf dem afrikanischen Kontinent: Der Kenianer L. S. B. Leakey, ein weltbekannter, aber leider rassistischer Paläontologe, sagte noch 1977 in Nairobi: »Die Buschmänner sind schlicht und einfach nicht fähig, so etwas wie diese Malereien zu produzieren. Die Malereien waren da, bevor die Buschmänner kamen.«

Der Franzose Abbé Henri Breuil reiste 1960 nur deshalb nach Südafrika, um dort Beweise für seine bereits vorher »abgesicherten« Erkenntnisse zu finden, nämlich dass diese Zeichnungen von Phöniziern stammten und Hottentotten und Buschmänner entlaufene Sklaven der Phönizier seien, die dann in der Wüste degenerierten. Später hat Breuil ein Felsbild am Brandenberg in Namibia analysiert und sah darin Frauen »mediterranen Ursprungs«. Der Archäologe C. van Riet Lowe (1894–1956) seinerseits verteidigte die Behauptung, dass »fremde Menschen und Völker mit Schiffen den Sambesi und den Orange-Fluss hochgefahren sind« und dass diese frühzeitlichen Abenteurer Felsspuren hinterlassen hätten. Ja, er erkannte gar griechische Instrumente, mit denen diese Zeichnungen geritzt worden waren.

Es gab aber auch bereits im 19. Jahrhundert ein paar positive Ansätze. Da war etwa der Verwalter im Nordostkap, Joseph Millard, der einen Buschmannführer anstellte. Die weiße Bevölkerung konnte diese Tat nicht nur nicht verstehen, sondern mokierte sich über Millard. Entweder sei der Verwalter genial oder – und das eher – ein Opfer seiner eigenen Dummheit.

Ein Lichtblick war auch Wilhelm Heinrich Immanuel Bleek (1827–1875), der San-Folklore sammelte. Das, was er zusammentrug, wies eindeutig darauf hin, dass die San eine Religion hatten und dass sie ein hoch entwickeltes landwirtschaftliches Wissen über den Rand der Kalahari und selbst über die Wüste besaßen. Damit war automatisch die Überzeugung der Weißen, sie befänden sich in Afrika auf einer zivilisatorischen Mission, infrage gestellt.

Die Buren und Engländer waren bestrebt, eine moralische Rechtfertigung dafür zu finden, um dieser Bevölkerung das Land wegzunehmen. Man behauptete, sie seien eigentlich noch gar keine Menschen, seien ohne Religion, nicht sesshaft, herumschweifend, kurz: Wüstenzigeuner. Die Einheimischen hätten von Landbesitz und Landbau keine Ahnung, hieß es. Die Lage verschärfte sich noch, als 1867 im heutigen Botswana die ersten Diamanten gefunden wurden. Mit dem Burenkrieg wurde auch noch das letzte Flämmchen

Verständnis für die ansässige Bevölkerung ausgelöscht. Es ging nur noch um Land und Bodenschätze, also mussten die San einfach »Wilderer« oder »Jäger« sein.

Die Hottentottenfrauen wurden in dieser Zeit zu Zoo- und Zirkusobjekten degradiert. Aus Bilderbüchern kennen viele Europäer die größte Sensation europäischer Zoos zu Beginn des 19. Jahrhunderts: Frau Saartje Baartman (1789–1816), angepriesen als Hottentot-Venus. Ein englischer Schiffsarzt hatte sie 1810 nach London gebracht, worauf sie vorerst als Wissenschaftsobjekt herumgereicht und später auf Schaubühnen als exotische Attraktivität vorgeführt wurde.

1875 starb der San-Folklore-Experte Bleek. Sein Freund Colenso wurde Bischof in Kapstadt. Er hatte die Resultate und wohl auch die Sichtweise von Bleeks Forschung übernommen und argumentierte nun, dass die San keine Heiden seien. Der Bischof wurde deshalb vor ein von der Dutch Reformed Church kontrolliertes Burengericht gestellt und verurteilt. Bleeks Tochter, Dorothea Bleek, die 1948 verstarb, war eine engagierte Khoisan-Linguistin. Bald nach dem Tod ihres Vaters, also Ende des 19. Jahrhunderts, machte sie eine ideologische Kehrtwende und behauptete, alles, was ihr Vater niedergeschrieben habe, sei erfunden und erlogen und stimme nicht. Das Gegenteil sei wahr: Es gebe keine Buschmännerreligion; die Buschmänner seien faul und die Hottentotten degeneriert.

In diesem Denkklima oder Zeitgeist lief alles auf Missdeutungen im südlichen Afrika, einschließlich Südafrika, Rhodesien, Botswana und Deutsch-Südwestafrika, hinaus. Man betrieb wohl Ausgrabungen, maß, registrierte und glaubte, wissenschaftlich zu sein. Doch für die meisten war die Wissenschaft eine Flucht vor den Menschen und ihrer Geschichte. Begreiflich, dass so keine Agrargeschichte entstehen konnte. Ausgangspunkt war bei den konservativ gläubigen Buren Südafrikas – ähnlich wie in den heutigen Südstaaten der USA – die Bibel, und da vor allem das Alte Testament. In Afrika legte man die Heiligen Schriften ganz eigenwillig, aufgrund falscher oder den Vorurteilen angepasster Übersetzungen und stets zur Rechtfertigung der Verachtung von Bantuvölkern und Khoisan, aus. Man unterstellte all diesen kleinen »Extrem«-Völkern Unfähigkeit für Landwirtschaft. Für die aus Holland gekommenen Buren war Südafrika ihr von Gott versprochenes Land. Sie übernahmen als Gegendienst die Zivilisierung und Missionierung der Bantu und Khoisan.

Eine eher unwahrscheinliche Stimme meldete sich in dieser Zeit geistiger Umnachtung und wurde mit den Jahren zum Bestsellerautor. Der 1996 verstorbene britische Journalist und Philosoph Laurens van der Post verpackte sein Material in die von den Briten so geliebte *outdoor literature*, Bücher, in denen die freie Natur die Hauptrolle spielt. Van der Post wanderte und reiste jahrzehntelang in Afrika und beschrieb Pflanzen und Tiere. Auch flocht er ganz vorsichtig die »verlorenen Menschen« (San) und ihre Weisheit in seine Geschichten ein. In der Fiktion sind manche Gedanken und Einschätzungen erlaubt, die anderswo übel genommen werden. Van der Post ist quasi zum Karl May der San geworden und hat ihnen wenigstens so ein kulturelles Denkmal gesetzt. Kurz nach van der Posts Tod begann ein langwieriger Prozess, durch den schließlich 2008 den San ein Landrecht zurückgegeben wurde.

G/wi – lustvoll überleben

Wie kann man in der Wüste agrikulturell und erst noch lustvoll überleben?

Es scheint absurd zu sein, die Wüste in eine Agrargeschichte miteinzubeziehen. Die Wüste ist doch der Feind jeglicher Kultivation. Aber da gab es einst – vor rund 10 000 Jahren – ein kleines Volk, das es anders wusste – die G/wi. Und dieses San-Volk fand rechtzeitig vor seinem langsamen Auszehrungsprozess durch menschliche Gier und politische Blindheit einen hervorragenden Biografen. Dieser empathische Forscher, George B. Silberbauer, war Anthropologieprofessor an der Monash Universität in Melbourne und erforschte dort australische Buschmänner. Nun wollte er sein Wissen durch die Erforschung eines afrikanischen Buschvolkes erweitern; denn oftmals kommen Einsichten aus Distanz. Daraus entstand 1981 eines der erfrischendsten und informativsten Ethnologiebücher; sein Titel ist *Hunter and Habitat in the Kalahari Desert* (Jäger und Habitat in der Kalahariwüste).

Silberbauer kam also nicht als Agrarhistoriker in das Central-Kalahari-Game-Reservat, sondern als unvoreingenommener Ethnologe mit offenem Denken und offenen Sinnen. Silberbauer und sein Team gingen – nach anfänglichem Misstrauen – mit begeisterter Beteiligung der Betroffenen auf drei Bereiche besonders ein: Sprache, Ökologie und Ökonomie. Silberbauer gehört einer neuen Generation der Völkerkundler an, weil er auf biotische Gemeinschaften achtet, auf die Interaktionen von Mensch und Natur. Er definiert die G/wi beispielsweise so: »Der Lebensraum oder das Habitat der G/wi ist ein Ökosystem, in dem das soziokulturelle System einen Teil ausmacht, der nach einer besonderen Gewichtung verlangt.«

Silberbauer studierte also nicht von der Umwelt isolierte Menschen; daher spielen Tiere und Pflanzen, Fauna und Flora und sogar Insekten eine wichtige Rolle. Das passt besonders gut für die G/wi, die sich mit allem Leben, auch dem niedrigsten, nicht nur zusammen, sondern eins fühlten und die Natur als Teil auch ihres Lebens wahrnahmen.

Die Kalahari ist eine Wüste mit viel mehr Leben, als wir gemeinhin annehmen. Die Wüste lebt mit Tieren, die entweder in der Wüste ansässig sind oder sie besuchen oder durchqueren. Da gibt es Gnu, Kudu, Springbock, Giraffe, Löwe, Leopard und Gepard; auf anderer Ebene kriechen Insekten, Käfer, Larven, Bakterien und vieles mehr. Die Niederschlagsmenge im Gebiet der G/wi liegt zwischen 200 und 350 Millimeter; die Temperaturen schwanken zwischen -23 und +48 Grad Celsius. Es gibt also sogar Frost in der Wüste.

Die Pflanzen und Büsche der Wüste sind die meiste Zeit inaktiv und wachen nur bei etwas Regen und bestimmten Temperaturen kurz auf. Und genau diese Momente muss der Mensch packen, wenn er überleben will. Symbiose und Synergien sind zentral; das ganze System ist ein permanent sich veränderndes Ökoton, das heißt ein Raum zwischen zwei verschiedenen Mini-Ökosystemen. Die G/wi begriffen sich als eingespannt zwischen den beiden Lebensformen.

Dieses Dazwischen, das Ökotondasein, gab den G/wi auch ihre Ethik vor: Respekt für alle und alles hieß das Grundgesetz. Die Kosmologie der G/wi akzeptierte, dass in diesen Wüstensystemen alle ein Spiel des Überlebens spielen – und dass alle Spaß daran haben sollen.

Die differenzierte Sprache der G/wi stellt eine erstaunliche

Wortwahl zur Verfügung. Ihr Sprachschatz unterscheidet sich von dem aller Nachbarn, was ein weiterer Beweis langer Eigenständigkeit ist. Schon daraus kann geschlossen werden, dass dieses Volk nicht in die Wüste vertrieben wurde, sondern schon seit mindestens 10 000 Jahren hier lebte. Die Sprache ist ganz an die Natur, die Vorgänge in ihr, und an die Flora und Fauna angepasst.

Man kann aus alledem schließen, dass es auch eine Wüstenlandwirtschaft gibt, eine Kunst, die über Jahrtausende gelernt und entwickelt wurde. Man darf sie ruhig Landwirtschaft nennen, denn auch die Wüste ist Land. Und Wirtschaft auch deshalb, weil es darum geht, wie Ressourcen zum Überleben gehandhabt werden. Der Begriff »Landwirtschaft« muss dringendst erweitert werden; niemand darf so engstirnig und eurozentrisch sein, nur die eigene Landwirtschaft der Scholle als solche zu bezeichnen.

Die G/wi pflegten und züchteten Biodiversität. Sie nahmen von unterwegs Pflanzen mit, um sie nachbarschaftlich neben andere zu setzen. Sie besaßen Wissen und Begriffe, um neue Graspflanzen hervorzubringen und um das Futter fürs Vieh zu verbessern.

Die G/wi zeigen, wie weit Agrarkultur gefasst werden kann und soll. Sie leisten einen wichtigen Beitrag zur Geschichte der Landwirtschaft und belegen, dass es selbst vor langer, langer Zeit viel Aktivität, Fantasie, Intuition, Kreativität und Philosophie brauchte, um – lustvoll – überleben zu können. Hier überrascht ganz besonders, dass dieses Volk die Wüste als Lebensraum auswählte und darin blieb, bis die Rohstoff- und Diamantenjäger kamen.

4.
Agrarwirtschaften

Klimaveränderung und Innovation

Es ist vielleicht keine überraschende Feststellung, dass gerade dann, als die Sahara auszutrocknen begann und das Grün langsam verschwand, die Bauern begannen, sich Sorgen zu machen. Ihre Beobachtungen waren es vermutlich, die sie dazu trieben, Gräser zu kultivieren.

Geologische Bohrungen bei der Suche von Erdölquellen ergaben, dass vor 6000 Jahren das letzte Grün in der heutigen Sahara zu finden war. Um diese Zeit herum ist gemäß Paläobotanikern der Beginn der Hirsekultivierung anzusetzen. Die Bauern beobachteten, dass immer weniger Wasser vorhanden war und dass sie daher Wildgräser an die neuen Klimabedingungen anzupassen hatten.

Wer diese Arbeit unternahm, wissen wir heute (noch) nicht. Aus historischen Beobachtungen kann man leicht auf fromme Menschen, Mönche und Kräuterfrauen, schließen, alle hatten etwas mit oben, dem Himmel, zu tun; alle hatten Verbindungen zum Schamanistischen. Wollte der Mensch überleben zwischen Himmel und Erde, musste ein Getreide her, das genau in dieser Gegebenheit des Dazwischen bestehen konnte.

Wir können ruhig sagen, dass die Klimaveränderung und die darauf folgende Austrocknung der Wüste Sahara die Menschen zwang, innovativ zu werden. Sie begannen zu kultivieren und zu züchten. Die betroffenen Menschen zogen vielleicht den Schluss aus der zunehmenden Trockenheit, dass es für die Landwirtschaft einen Ausweg geben musste; und sie begannen nach Lösungen zu suchen und zu experimentieren.

Die Bauern am Rande der vorrückenden Wüste nahmen sich des Hirsegrases an. Von den weltweit vorhandenen 9 Gattungen der Eleusine-Familie kommen 6 im trockenen Afrika vor. Verwandt mit der Fingerhirse ist das ebenfalls wilde und in vielen Arten vorhandene Pennisetum, das hier kultiviert und zum typischen Sahelgetreide wurde: nämlich die Bulrush- oder Perl- oder Katzenschwanzhirse. Daneben gab es auch Sorgho-Arten (bezeichnenderweise Mohrenhirse genannt).

Begonnen hat wohl alles mit Fonio *(Digitaria exilis Stapf)*. Oder ist es gar umgekehrt und Fonio kommt erst bei zunehmender Austrocknung hinzu? Denn Fonio überlebt schon bei 180 Millimeter Niederschlag, wuchs also auch dann noch, als es immer trockener wurde. Wegen dieser »zähen« Eigenschaft wird Fonio in der Literatur oft auch »Hungerhirse« genannt. Doch ich möchte diesen Begriff vermeiden, denn er ist kolonialen Ursprungs. »Hunger« ist tendenziös und ein Negativbegriff.

Die Menschen in der sich mehr und mehr ausbreitenden Wüste hätten neben dem Hirsegras – natürlich immer nach heutiger Sicht – auch Kramkram *(Cenchrus biflorus)* züchten können. Für die Tuareg ist Tamachek oder Takana ein wichtiges Wildgetreide. Kramkram ist im ganzen Sahel zu finden. Vielleicht hatte es am Rande der Sahara keine Chance, weil es etwas bitter schmeckt; wogegen die wilden Hirsearten eher süßlich sind. Es hätte auch mehrere andere Möglichkeiten gegeben, denn es gibt selbst in den Tropen und Subtropen viele Graminäenarten, etwa all die vielen Guinea- oder Stargräser. Schon der deutsche Sahara- und Afrikareisende Heinrich Barth (1821–1865) wies auf *Panicum lactum*, *Oryza barthii*, aber auch auf *Cenchrus biflorus* hin.

Auch Pflanzen ändern sich im Laufe der Zeit; auch sie haben eine Geschichte. So mag es durchaus sein, dass das Kramkramgras vor 6000 Jahren unter anderen Bedingungen gedieh. Selbst Pflanzengene verändern sich und passen sich etwa klimatischen Veränderungen an. Vielleicht nahmen auch Menschen und Tiere (Kamele), die die Wüste durchwanderten, Einfluss, ohne dass sie es planten.

Wissenschaftler pflegen immer etwas auszulassen, da sie sich ja spezialisieren. Zu einem Getreide gehört in dieser Gegend nicht nur ein Boden, sondern auch ein Baum. Der bedeutende französische Agrarethnologe Pierre Pélissier, der ein Meisterwerk über die senegalesischen Serer verfasste, ist auf den fast mystischen Zusammenhang zwischen Hirse und Akazie und vor allem auf die *Acacia albida* (heute meist als *Faidherbia albida* bezeichnet) gestoßen.

Die Akazie wurde sukzessive den Gegebenheiten angepasst, denn die *Acacia albida* besitzt am meisten Charakter. Sie wurde von der Bevölkerung und dem Vieh geschätzt: erstens wegen der proteinreichen Früchte; zweitens wegen der Blätter – ein ausgezeichnetes Ersatzfutter fürs Vieh; drittens wegen des Schattens und somit des Bodenschutzes, auch ist der Baum ein Ruheort des Viehs, wo dieses seinen Mist zurückließ; und viertens – ganz wichtig – wegen der Rhizome, wurzelartige Sprossachsensysteme, die den Boden mit Stickstoff versehen und befruchten können.

Die Menschen, die immer mehr an den Rand einer Wüste, in den Sahel, gedrängt wurden, hatten zudem einen Fluss, den Niger, zu dem es nun besondere Sorge zu tragen galt. Sahelische Bauern und Bäuerinnen begannen hier mit dem Entwickeln einer Bewässerungskultur. Archäologische Zeugnisse belegen, dass um Timbuktu herum, am Niger, die ersten Hirsezüchtungen stattfanden. Ein zweiter Ort mit Zeugnissen solcher Züchtung ist Saint-Louis im Senegal. Dort war es der Senegalfluss, der den innovativen Serern, die zwischen diesem Fluss und den Moorgebieten der Casamance lebten, eine bäuerliche Existenz ermöglichte. Man nennt dieses Leben im Übergangsbereich zwischen verschiedenen Ökosystemen ein Ökotondasein, eine Existenz zwischen Wüste/Sahel und Moor/Tropenwald.

In diese Übergangszeit fällt auch der Entscheid zu einer Doppelstrategie in der Agrarkultur: Man lebte hauptsächlich vom Vieh und ergänzte diese Lebensform mit kleinen Hirse- und Baumkulturen. Bäume spielten eine wichtige Rolle: die Blätter hauptsächlich fürs Vieh, die Früchte vornehmlich für die Küche. Bäume gehörten in jedem Fall zu dem, was heute Landwirtschaft genannt wird. Züchtung und Pflege von Bäumen war eine eigene frühe Form von Agrikultur.

Historisch kann also mit Fug und Recht behauptet werden, dass die Klimaveränderung Anstöße zur Agrargeschichte in der Sahel- oder Sudanzone gab. Diese von Trockenheit bedrohten Kleinbauern gaben sich nicht einfach dem Schicksal hin; diese Bauern machten Geschichte.

Ewige Jäger und Sammler

Ich wage zu behaupten: Wir haben aus den ersten Landmenschen ewige Sammler und Jäger gemacht. Lange Zeit bezeichnete man – scheinbar sachlich und wissenschaftlich – die menschliche Subsistenzwirtschaft mittels Jagd, Fischerei und Sammeltätigkeit als Wildbeuterei. Und wir alle, vor allem aber die Afrikaner, wären also Nachkommen dieser »primitiven« und leicht anrüchigen Lebensweise.

Bis Ende des 19. und noch zu Beginn des 20. Jahrhunderts ging auch die ins christliche Abendland eingebettete Frühgeschichte davon aus, dass Gott die Menschen aus dem Paradies geworfen und hinaus in die Wildnis getrieben hatte. Dieses Wilde bedrohte nun die Menschen; sie arbeiteten hart und »im Schweiße des Angesichts«. Es war somit klar, dass am Anfang unserer Agrargeschichte die Sammlerinnen und Jäger standen, gehetzte Wesen, stets an der Grenze ihrer Kräfte und von der dauernden Angst geplagt, an Hunger sterben zu müssen.

Das ist der Mythos, der auch meine Ausbildung beeinflusst hat; Mythen sind nicht schlecht, aber sie sind Allegorien, Bilder, Symbole, Hinweise, theologische Erklärungen. Der Mythos liefert Geschichten, keine Geschichte. Bis ins 20. Jahrhundert hinein vermochten die meisten Wissenschaftler nicht, zwischen Mythos und Geschichte zu unterscheiden.

Zwei Männer haben diesen Unterschied ins menschliche Bewusstsein gebracht. Da ist einmal der deutsche Theologe Rudolf

Bultmann (1884–1976), der seine Mitchristen mit der Behauptung, dass das Neue Testament kein Geschichtsbuch sei, erschütterte. Er begann, Schritt für Schritt – wie er selbst es nannte – die Religion zu »entmythologisieren«. Viele Gläubige verstanden ihn nicht und meinten, er kenne keine Wahrheit mehr. Auf der andern Seite meinten viele damalige Aufklärer, dass die Bibel ein einziges Lügengebilde darstelle. Natürlich ist es komplizierter: Mythen vermitteln bisweilen sogar mehr Wahrheit als die historische Forschung – aber sie darf nicht damit verwechselt werden.

Viel einfacher hatte es Mircea Eliade (1907–1986), ein weltbekannter Religionswissenschaftler des letzten Jahrhunderts. 1957 schrieb er den Klassiker *The Sacred and the Profane* (dt. *Das Heilige und das Profane*), eine fabelhafte Einführung in den Menschwerdungs- und Geschichtswerdungsvorgang. Eliade ging von der Annahme aus, dass am Anfang (*in illo tempore* – das ist selbst ein mythischer Begriff) dem Menschen alles heilig war, aber nach und nach wurde es menschlich, sachlich, entzaubert und profan. Ohne dass er es so bezeichnete, erklärte Eliade den Übergang vom Mythos zur Geschichte.

Dem heutigen wissenschaftlichen Verständnis vom Ursprung der Menschen gingen mythologisches Denken und allegorische Vorstellungen über den Beginn des Lebens voraus. Deshalb musste der Mensch am Anfang in der Wildnis schwitzen und jagen und sammeln, um zu überleben. Wenn etliche Wissenschaftler heute noch dieses mythische Geschichtsbild in die reale Geschichte übernehmen, sind sie fachlich zurückgeblieben. Historisch dürfen wir heute annehmen, dass der Mensch als vernünftiges Wesen von Beginn weg sich damit beschäftigte, wie er sich sein Leben bequemer und besser einrichten könnte.

Der Mensch war von je ein Bauer und Landwirt. Natürlich jagte und sammelte er, aber er begann sogleich auch, bestimmte Pflanzen häufiger zusammenzubringen, zu kreuzen und für die ersten Ziegen und Schafe die Baumblätter zu sammeln, also Lager anzulegen. Er wagte von Anfang an Mischkulturen und er betrieb kaum je ein bloßes Nomadisieren. Es gab nicht einfach eine erste Stufe, die plötzlich in eine Viehkultur überging, bis dann erneut ein Sprung stattfand und der Weizen ein neues agrarisches Zeitalter einläutete. Das wäre zu geradlinig, in evolutionärer Hinsicht zu eindimensional gesehen, zu sehr an Fortschritt und Wachstum orientiert, derweil das Nebeneinander der Mischkulturen sich je nach Boden und je nach Glauben entlang verschiedenen Schwerpunkten entwickelte.

Die historischen Beweise für diese These liegen heute vor. Ich greife die radikalsten Beispiele für diese Entwicklung heraus, die Wüsten Kalahari und Namib in Botswana und Namibia:

- George B. Silberbauer hat 1981 in seinem Klassiker *Hunter and Habitat in the Central Kalahari Desert* die Nutzbarmachung des Habitats der G/wi in der Wüste, in die sie nie vertrieben wurden, sondern die sie leidenschaftlich liebten, datenreich beschrieben. Jede Gruppe hat ihr Habitat, das sie – dem Transhumanzsystem der schweizerischen Alpwirtschaft vergleichbar – regelmäßig bewandert und »bewirtschaftet«, bevor sie zyklisch zu ihrem festen Ausgangspunkt zurückkehrt, und wo sie bestimmte Pflanzen durch den Transfer anderer Pflanzen stärkt. Silberbauer beschreibt, wie die G/wi selbst Pilze oder Insekten nutzten, beschützten und ernteten oder wie sie sich wilder und winziger Sträucher annahmen. Sie versuchten, mit Mutation oder Pfropfen zu züchten, vorläufigen Schätzungen gemäß bereits vor 5000 bis 6000 Jahren.
- Wir befinden uns also inmitten einer spannenden Agrargeschichte der Wüsten Kalahari und Namib. Das alles und vieles mehr zusammengenommen zeigt, dass die Agrarkultur der G/wi eine wahre, aber frugale *Land*wirtschaft ist, nur dass hier das

Land oder der Boden die Wüste ist. Es war der geduldige Vorgang einer Transformation, wie heute selbst Sand und Steine, einige wilde Sträucher und verkrüppelte Bäume sowie die Gene von heute kaum mehr geschätzten Pflanzen bezeugen. Die Forschung hat eben erst eingesetzt.

- Die Symbiose ist der Ursprung der Landwirtschaft. Darin spielen sogar Termiten (K.E. Lee, T.G. Wood, *Termites and Soils*, 1971) als Minipflüger und als Düngmeister eine Rolle (John A. Siame, *Termite Mounds and Fertilizer*, 2005).
- Neben Silberbauer erhalten wir interessante Einblicke durch Louis E. Grivetti mit seinem Buch *Kalahari agro-pastoral* (1979) über das Tswana-Volk, und T.H. Arnold et al. folgte 1985 mit *Khoisan Food Plants* (Die Nahrungspflanzen der Khoisan).
- Selbst aus der lebensfeindlichen Namibwüste lässt sich Agrarisches herausholen, wie es das Archäologenteam H. Besler, K. Hüsser, J. Kinaham, B.H. Sandelowsky & von Royen bereits belegte.

Die Herausforderung lautet: Wir haben uns vom Mythos des bloßen Jägers und Sammlers zu lösen, um zur »wahren« Geschichte überzugehen.

Nachdenkend komme ich zur Frage: Wenn wirklich zu Beginn der afrikanischen Menschheit so viel gejagt worden wäre, warum findet die Archäologie verhältnismäßig wenig Tierknochen? Zudem zeigen archäologische Kot- und Abfallanalysen in Westafrika und im südlichen Afrika bereits sehr früh erhebliche Rückstände von gemahlenen Körnern. Knochen und auch tierischer und menschlicher Kot ermöglichen eine historische Erklärung; die Archäologie ist nun auf dieser Spur. In der afrikanischen Agrargeschichte ist es an der Zeit, eine Entmythologisierung vorzunehmen.

Steinzeitökonomie

Unser Erbarmen mit den Urmenschen ist groß. Sie konnten nichts anderes tun, als den ganzen Tag ihrer Nahrung nachzujagen. Noch während des Zweiten Weltkrieges wurde uns Kindern, wenn wir wegen zu viel Arbeit auf dem Bauernhof klagten, gesagt, wir sollten froh sein, nicht zu Beginn der Menschheitsgeschichte gelebt zu haben.

Erst 1972, als der Anthropologieprofessor Marshall Sahlins von der University of Chicago *Stone Age Economics* (Steinzeitökonomie) veröffentlichte, wurde diese einseitige Sicht auf die Frühzeit wenigstens in der Fachwelt etwas erschüttert. Selbst der international respektierte britische Ethnologe Edward E. Evans-Pritchard lobte dieses Buch über alle Maßen und nannte es »bahnbrechend«. Er schrieb, es werde fortan eine ganz neue Sicht in die Ethnologie einbringen. Bloß die Ökonomen selbst wollten von diesem Blick auf frühe Wirtschaftsweisen nichts wissen. Andererseits gab das Buch, ohne dass es beabsichtigt war, neue Impulse für Agrarhistoriker. Sahlins' »Steinzeitökonomie« geriet also zwischen die wissenschaftlichen Welten oder Fronten.

Sahlins verarbeitete ethnologische Studien über Steinzeitgesellschaften in Afrika, die San und Khoi sowie die Pygmäen (heute Batwa genannt; alle Gruppen scheinen miteinander verwandt zu sein) im heutigen Kongo, in der Zentralafrikanischen Republik und in

Ruanda-Burundi. Er selbst begab sich immer wieder ins Feld, um in der Kalahari, am Rand des Tropenwalds oder in den Lichtungen des Urwalds zu forschen.

Was ist das Neue an Sahlins' Buch? Bis anhin gingen fast alle Forscher davon aus, dass Not die Mutter des Fortschritts sei. Aufgrund dieser Annahme bestimmte man die nacheinander folgenden Stufen der Landwirtschaft. Sahlins hingegen zeigte auf, dass weder die San noch die Pygmäen die neolithische Revolution brauchten, weil sie mit ihrer Situation zufrieden waren und, so vermuteten sie, nach einer solchen Veränderung wahrscheinlich weniger Muße haben würden.

Was fand Sahlins vor? Der Ethnologe versuchte, auf alle möglichen Arten die Arbeitszeit zur Beschaffung und Zubereitung des Essens zu messen. Das Maximum der aufgewendeten Zeit lag zwischen vier und fünf Stunden täglich. Höchst interessant fand Sahlins in einer Studie des amerikanischen Soziologen Robert Lowie von 1938 eine Bemerkung über die von Lowie analysierten Pygmäen, die ich auf Deutsch so wiedergebe: »Je mehr sich die umgebende Kultur entwickelte und auf sie zukam, desto weniger Zeit hatten sie für sich … Fortschritt trieb sie in den Hunger.«

Richard Borshay Lee, ein guter Kenner der !Kung-Buschmänner in Botswana, stellt in der Gegend von Dobe eine »erstaunlich reichhaltige Vegetation« fest, obwohl die !Kung keine Viehzüchter sind. Nach Befragen der Leute erfährt er, »dass es sehr vergnüglich sei, Wüste fruchtbar zu machen«. Die Begrünung der Wüste als Hobby und eigenständige Kultur. Wohl zu Recht merkte Sahlins in seinen Studien über die Steinzeitgesellschaften an, dass diese »Jäger und Sammler zugleich auch das sind, was man heute Pflanzenbiologen nennen würde«.

Wieder und wieder weisen Sahlins und andere Studien auf folgende Punkte hin:

- Die frühen Völker vermochten viel effizienter mit Ressourcen und Zeit umzugehen, als westliche Wissenschaftler annahmen, die stets von der Fortschrittsthese ausgingen;
- Landwirtschaft besteht aus einem ganzen Bündel von Aktivitäten. Oder wie Sahlins immer wieder sagt: »Agriculture is not just *one* activity.« Agrarkultur schließt mehr als nur eine einzige Tätigkeit ein;
- die Grundlage dieser Landwirtschaften selbst ist mehrschichtig;
- der Umgang mit dem Boden schließt fast alle Möglichkeiten mit ein: Wüste und Wald, immer wieder kommt ein Übergangsbereich hinzu, heute Ökoton genannt;
- die Differenz und dann der Übergang zwischen Pastoralismus und Sesshaftigkeit haben kaum je in reiner Form existiert;
- sowohl San wie Pygmäen liebten offenbar die Herausforderung von Rändern und Brüchen in der Natur;
- diese Randvölker kannten auch Spaß, nicht bloß Schweiß;
- all das lässt sich nicht in den Begriff *pre-agricultural sedentism* (ein Sesshaftwerden vor Beginn der Landwirtschaft) zwängen; man würde damit erneut zur Prähistorie zurückkehren;
- der Wissenschaft gelingt es kaum, Zwischenphasen und Übergänge zu erfassen;
- es muss viel mehr auf den »menschlichen Faktor« (Melville J. Herskovits) geschaut werden – schon aus Respekt! Herskovitz hat den treffenden Begriff »Urwaldgärtner« für die Natwa geprägt, um darauf hinzuweisen, dass der Begriff »Landwirtschaft« nicht zu eingeschränkt gesehen werden darf und dass Landwirtschaft mit Anstand und Rücksicht, mit Vor- und Nachgeben beginnt.

All das sind wichtige Einsichten in das sehr komplexe Netzwerk einer Geschichte der Landwirtschaft. Es ist wichtig zu begreifen, dass nichts plötzlich kommt, dass es wohl kaum agrarische Revolutionen gibt, dass Neues nicht nur aus Not hervorgeht, sondern dass Landwirtschaft eine Agrar*kultur* ist und somit viel mehr umfasst und einschließt als Austausch und Wettbewerb.

Slash and Burn

Slash and Burn heißt Brandrodung oder Schwendwirtschaft; im Englischen spricht man auch von *shifting agriculture* oder *swidden agriculture*; im Französischen von *agriculture nomade, agriculture sur brûlis, agriculture par écoubage* oder *par essartage.* Menschen zünden die lokale Vegetation an, meistens ist das ein Teil des Waldes oder auch Bäume und Sträucher, lassen alles verkohlen, nutzen die Asche als Düngemittel, pflanzen auf der frei gewordenen Wiese (die sehr oft am Abhang liegt) an und brennen meist nach drei Jahren Nutzung angrenzend oder an einem anderen Ort weiter.

Laut paläobiologischen Bodenanalysen ist mit diesen Bränden nicht Land hinzugerodet worden; man zog meist weiter auf einen anderen Platz und ließ das ehemals bebaute Land wieder überwachsen. Woher kommt diese Tradition? Aus heutiger Sicht hat die Slash-and-Burn-Methode den Nachteil, dass die ganze Fruchtbarkeit schließlich ins Tal geschwemmt wird. Doch die Bauern von damals waren bestimmt nicht dumm, das heute schädliche Verhalten muss einst anders betrachtet und beurteilt worden sein.

Erste mögliche Deutung:

Vielleicht wollten die Bauern von damals gemäß ihrem Glauben und Verständnis kultivieren das heißt das Wilde niederbrennen, um Nutzpflanzen zu säen. Wald und Busch hatten für sie eine andere Bedeutung als für uns. Wald stand für sie als Bedrohung oder als

Provokation da; Wald bedeutete Gefahr oder gar das Böse, das Wilde und Menschenfeindliche. Das Feuer räucherte diese Gefahr aus. Wann immer man weiterziehen musste, ging auch der Zivilisationsprozess weiter; sehr oft wurde das Dorf mitverlegt. Das Problem der Überbauung von heute bestand nicht: Man hatte genug Fläche; man dachte nicht ökologisch, sondern zivilisatorisch.

Eine zweite Deutung:

Es mag jedoch noch etwas anderes dahinterstehen. Und diese Deutung kann vor allem für Madagaskar in Betracht gezogen werden. Hinter der Slash-and-Burn-Methode könnte etwas sowohl Apokalyptisches als auch Eschatalogisches stehen. Wenn Menschen glauben, die Erde gehe demnächst oder bald unter, dann kann man sie anders nutzen und sogar ausbeuten. Hofft man jedoch, dass Rettung kommt, dann wird aus dem Untergang eine Wiederkunft.

Auf Madagaskar kommt der geschichtliche Hintergrund dieser Sinngebung nahe. Nehmen wir an, die einstigen Bewohner kamen auf Booten aus Bananenblättern von Indonesien oder Polynesien auf die madagassische Insel; wahrscheinlich strandeten sie hier. Sie kamen bestimmt nicht auf die Insel, um sie zu kolonisieren. Nein, sie wollten gefunden und heimgeholt werden. Sie begannen, Hügel und Berge abzubrennen, um Rauchzeichen zu geben, denn bestimmt nahmen sie an, dass man sie suche. Wichtig waren also zuerst diese Rauchzeichen. Dazu kam, dass, sobald Bäume und Sträucher abgebrannt waren, sie ihren Horizont erweitern konnten. Sie konnten erst nach dem Roden und nach dem Lichten Ausschau nach Rettern halten.

Man hoffte also, und hoffte – stets abnehmend zwar – von einer Generation zur nächsten, dass eines Tages die Verwandten, später wohl Götter kämen. Sie kamen jedoch nicht oder verpassten das Suchziel. Immer mehr wurden diese Verwandten zu Vorfahren und Ahnen, und man kehrte die Bedeutung des Brennens allmählich und unbewusst um: Die Gestrandeten begannen, den Ahnen zu opfern, und ihre Abbrennmethode wurde zum Zeichen an die Vorfahren, dass man sie nicht vergessen hatte.

Eine dritte Hypothese oder Annahme:

Die europäische Forschung nahm lange Zeit an, dass von unten nach oben gerodet wurde. Bestimmte schamanistisch orientierte alte Völker taten genau das Gegenteil. Wir nehmen nun an, dass die Urmadagassen oben auf der Bergkuppe mit Roden ansetzten. Warum? Sie wollten Ausschau halten können und gleichzeitig dem Himmel nahe sein. Da sie in Erwartung der Ankunft von Rettern waren, wollten sie für diese auch sichtbar sein. Das Zweite war wohl die Nähe zum Göttlichen; die Menschen wollten dem Himmel näher sein, wollten sich Gott oder einem schützenden Wesen zeigen. Es war übrigens auch die Sitte der Kelten, den Schopf der Berge frei zu halten; so wurde der Berg den Gestirnen ausgesetzt, um ihn in astrale Konstellationen einzubeziehen. Durch ein solches Roden machten die Kelten es möglich, dass der Berg Kräfte (Sonne) anziehen und aufnehmen konnte.

Ein vierter möglicher Aspekt:

Verschiedene mehr realistisch eingestellte Agrarhistoriker setzen das Slash-and-Burn-Verhalten in einen Zusammenhang mit Blitzschlag und Feuer. Die Menschen beobachteten immer wieder Blitzeinschläge, und sehr oft gab es danach Feuer, das Teile des Höhenwaldes verbrannte. Die Menschen deuteten diese Ereignisse als Hinweis der Götter, sich hier niederzulassen, um Landwirtschaft zu betreiben. Die Götter zeigten also den Menschen den Weg und den Ort, der ihnen genehm war. Eng mit dieser Interpretation zusammen hängt die Religion des Schamanismus. Blitz und Feuer sind für den Schamanen (ein heiliger Mensch, eine Art Priester) zentral. Der Blitz verband Himmel und Erde, brachte Feuer und Kraft und Fruchtbarkeit und verursachte Gottesfurcht. Es gibt sowohl den

Steppen- (Tundra) als auch den Bergschamanismus. Slash and Burn könnte sehr wohl einen Zusammenhang mit einer schamanistischen Spiritualität gehabt haben.

Fünfte Spekulation:

Auch diese Deutung hat einen Zusammenhang mit dem Schamanismus; sie stammt aus der Tundra und der Mongolei. Die Menschen wollten einst mit dem Abbrennen von Gott erzwingen, länger und permanent fruchtbar zu bleiben. Die Methode der verbrannten Erde wurde später zu einer Kriegstaktik. Man verbrannte vor dem heranrückenden Feind den Boden, um seine Eroberung nutzlos zu machen. Im schamanistischen Zeitalter haben die Schamanen (mit den Menschen im Rücken) diese Methode auch gegenüber den Göttern angewandt. Sie wollten vor allem die unangenehmen Götter durch Feuer fernhalten.

Neue Erkenntnisse:

Vom Mythischen treten wir ins Praktische über: Verbrannte Erde verscheucht Mäuse, Insekten und Ungeziefer; man konnte aber auch bestimmte Vögel fernhalten. Der Geruch der verbrannten Erde wird von vielen sogenannten Schädlingen gemieden. Mit dem Abbrennen wurden also gleich zwei wichtige Beiträge zur damaligen Landwirtschaft geleistet: Die Asche diente als Dünger; das Feuer mit dem nachwirkenden Geruch vertrieb bestimmte Schädlinge oder Insekten.

Im Amazonasgebiet sind Agrarwissenschaftler dem Phänomen der schwarzen Erde, der Terra Preta, nachgegangen. Indios entfachten Schwelbrände, mit denen Biokohle erzeugt wurde. In der porösen Biokohle blieben die Nährstoffe gebunden. Eine Brandrodung im heutigen Verständnis war das nicht. Man verkohlte also Biomasse und arbeitete die Biokohle in den Erdboden ein und entzog der Atmosphäre dauerhaft Kohlenstoff. Erst viel später, nach Ankunft der Europäer, ging man zur direkten Brandrodung über. Das hat

Johannes Lehmann, Professor für Geo-Ökologie an der US-amerikanischen Cornell University, kürzlich erforscht und beschrieben.

Olu Williams berichtet aus den Reisgebieten von Sierra Leone (1992), dass moderne Entwicklungsarbeit die Bauern anleitete, Maschinen einzusetzen und modernen Dünger zu nutzen. Der Ertrag jedoch fiel ab. Waren also die Vorfahren doch nicht bloß »dumme Bauern«? Sie besaßen ein komplexes Slash-and-Burn-System, das die Kolonialisten ihnen austreiben wollten. Doch die Forschung hat festgestellt, dass das »primitive« Slash and Burn erst von den Europäern verursacht wurde.

Eine heutige Ansicht:

Die ganze Agrarwissenschaft tut so, als wäre diese Abbrennmethode archaisch oder mittelalterlich, derweil im Großen dasselbe im Amazonas, Kongo oder Malaysia stattfindet. Habgierige Menschen mit ihren Holzfirmen holzen und brennen quadratkilometerweise Tropen- und Urwald nieder. Auch das ist Slash and Burn, nur ohne Mythen oder Spiritualität und ohne das alte Wissen dahinter. Hier geht es bloß um Geld und Gier. Vielleicht wird gerade deshalb so pharisäisch über diese alte Agrarform geredet und geschrieben – sozusagen ein psychologischer Verdrängungsvorgang.

Die Slash-and-Burn-Methode war einst viel differenzierter, als heute oft angenommen wird; sie hat auf vielen Ebenen Sinn gestiftet, doch nach und nach wurde auch dieser Methode der ursprüngliche Sinn entzogen, und es ergeben sich heute daraus sogar Nachteile, die die Ahnen ihren Nachfahren bestimmt nicht wünschen würden.

Vom Ursprung des Bauern

Für die ethnologisch-sozialen und theologisch-anthropologischen Wissenschaften mussten gesellschaftliche Zustände fest und unabänderlich sein. Ein Volk wurde beschrieben und studiert, als ob es schon immer eine in sich geschlossene Einheit gewesen wäre – ein Stamm mit Verästelungen. Langsame historische Vorgänge und Übergänge wurden kaum beachtet.

Nehmen wir als Arbeitshypothese einmal an, dass am Anfang der Menschheit Mann und Frau Blätter schütteln gingen, denn sie hatten noch immer diesen Baum vom Paradies im Kopf, der ihnen zum Verhängnis geworden war. Sie waren im Grunde der Seele sehr böse auf diesen Baum und wollten ihn noch immer schütteln und beuteln, bis all seine Früchte gefallen waren, aber es kamen keine Früchte, sondern Blätter. So oder ähnlich kamen die Agrarhistoriker des 19. Jahrhunderts und in ihrem Gefolge die Kollegen des 20. Jahrhunderts auf die Idee, dass am Anfang der Landwirtschaft die Blätter waren – nicht die Früchte, denn die blieben im Paradies unter Verschluss.

Bleiben wir bei dieser Annahme, dass die Menschen der Ururzeit sich von Blättern ernährten. Stellt sich die Frage: Von welchen Blättern? Von den bitteren oder den zarten? Und wie wurden sie genießbar gemacht?

In Kamerun, rund um Duala, kochen die Frauen das Volkskraut Ndole (Europäer nennen es Bitter Leave) heute noch mindestens fünfmal auf, um es zu »zivilisieren«. Dann werden die Blätter zu Kugeln zusammengepresst und als einmalige Soßenzutat benutzt. Wie kommen Frauen auf die Idee, ein bitteres Blatt fünfmal aufzukochen, um es essbar zu machen? Ist das etwa eine Spur an den Anfang zurück, zur Sammlerperiode?

Eine ähnlich komplizierte Kochtradition gibt es für die Wurzel Yams. Unter den 12 000 Yamssorten gibt es einige ganz giftige, mit denen auch immer wieder Menschen in Westafrika vergiftet werden. Diese Yamsarten oder -sorten werden dennoch genutzt, Hausfrauen kochen sie in Wasser mehrere Male aus. Warum macht man das? Es geht um mehr als nur das Entgiften. Das Kochen geschieht auch nicht nur wegen des daraus entstehenden speziellen Geschmacks, den einige ganz besonders lieben. Unbewusst wird damit eine Verbundenheit mit einer ganz alten Tradition hergestellt, denn das mehrmalige Waschen bedeutet auch so etwas wie die Kontinuität des Lebens. Wie kamen Frauen der Urzeit zu diesen Kenntnissen und diesem Verhalten? Was ist seither alles geschehen? Wie viel Neues von anderen Kulturen, von außen, kam hinzu? Wie viele Überlagerungen von Traditionen gab es?

Woher Traditionen kommen und wie alt sie sind, ist schwierig zu sagen. Denn meistens analysieren Betroffene ihre Traditionen nicht bewusst. Vier wichtige Grundsätze bei der Untersuchung von Traditionen im Agrar- und Nahrungsbereich möchte ich festhalten:

- Erstens: Traditionen haben nicht mit Genen oder andern angeborenen Qualitäten zu tun. Sie werden *anerzogen*. Was aber geschieht, wenn Traditionen sich überlagern und neue Traditionen entstehen? Traditionen sind nicht wie Findlinge, die sehr manifest und doch einsam in der Gegend liegen. Auch Traditionen wachsen, sterben ab und verändern sich im Lauf der Zeit, und genau das ist Geschichte.
- Zweitens: Wer mitten im Leben steht, dem erscheint alles als selbstverständlich, und er reflektiert wenig über seine unmittel-

bare Lebenswelt. Der oder die von außen Kommende wird sehr oft leichter zum Spurendeuter – dem Traumdeuter oder dem Psychoanalytiker vergleichbar. Er besitzt den Abstand, den eine erklärende Einsicht braucht. Man kann natürlich diejenigen, die drinnen sind, auf den Weg der Suche und Reflexion mitnehmen. Der Außenstehende gibt Assoziationspunkte, zieht sozusagen Fäden in die Vergangenheit, zündet beim Einheimischen kleine Erinnerungslichter an, in denen ein Stück Vergangenheit aufscheint. Doch wie wir gesehen haben, sind auch diese Ethnologen und Archäologen von außen oft in eigenen Zusammenhängen und Mythen gefangen.

- Drittens: Sehr skeptisch sollte man, ob in Europa oder in Afrika, gegenüber den Traditionswächtern, den *guardians of tradition*, sein. Meist sind es Eigeninteressen und Machtpositionen, die auf instransparente Art und Weise bewahrt werden sollen. Die Traditionswächter sind konservativ und oft scheinheilig und moralistisch. Die meisten sogenannten Häuptlinge auf dem afrikanischen Kontinent wurden zur Zeit des Kolonialismus kulturell umprogrammiert und sind heute kaum noch verlässliche Hüter der Tradition.
- Viertens: Ganz gefährlich wird es, wenn Nationalisten und Ideologen, Politiker und Theologen Traditionen aufnehmen und behaupten: Genau so und so war es. Es war niemals genau so, die Wirklichkeit ist komplizierter. Aber man schafft Gewissheit durch Mythen und spinnt die Geschichte mit diesen Mythen weiter. Afrika ist gegenwärtig voller Mythen; echte Traditionen werden kaum wahrgenommen und reflektiert. Traditionen dienen vorab der Manipulation. Der westafrikanische Theologe und Philosoph Kä Mana hat in den 1990er-Jahren zwei kritische Bücher über die afrikanischen Mythen von heute geschrieben. Ein von ihm scharf zurückgewiesener Mythos besagt etwa: Vor

dem Kolonialismus war alles heil. Sklaverei und auch Hungersnöte, die die Archäologie nachweisen konnte, werden in einem solchen Mythos verdrängt.

Ich habe bereits in den vorausgehenden Kapiteln aufzuzeigen versucht, wie Glaube oder Ideologie selbst die Wissenschaft massiv beeinflusst hat. Wie könnte denn der Anfang der Agrarkultur wirklich ausgesehen haben? Wo sollen die Urmenschen gejagt haben? Es war ja noch kaum Wald gelichtet oder gerodet (siehe das vorangehende Kapitel »Slash and Burn«). Woher kamen die Tiere? Welche Tiere wurden gejagt? Vögel oder Raupen? Man sieht sofort, dass in der Frage nach dem Ursprung der Landwirtschaft in Afrika mit der Proklamation eines bestimmten Anfangs nicht viel gewonnen ist.

So viel kann jedoch als sicher angenommen werden: Diese Landwirtschaft kann nicht einfach importiert worden sein; sie musste sich an Ort und Stelle entwickeln. Aber auch vor Ort haben nicht Menschen eines Tages beschlossen: Lasst uns die Landwirtschaft erfinden. Es war ein allmähliches Entstehen. Ich komme also auf den zentralen Begriff des Übergangs zurück: Es geht hier um Veränderungen, die mehr als 1000 Jahre dauern können. Sie sind schleichend und werden von den Menschen meist gar nicht als Veränderungen wahrgenommen, aber sie finden statt. Für uns als Rückblickende ist es etwas leichter, doch die Vielfalt der Möglichkeiten und Kreuzungen verwirrt auch uns, da wir kaum tausendfach Überlagertes zugleich erforschen können.

Wahrscheinlich hat der Blitz in diesem agrarhistorischen Prozess eine Rolle gehabt. Mit den Blitzen eng verbunden waren die Schamanen, religiöse Deuter und Führer, Magier und Weise, aber wohl auch Suchende und Erfinder, Kenner der Kräfte von Pflanzen, Zähmer von Tieren. Das ist zugegebenermaßen ein riesiges Umfeld, doch genau in dieser kreativen Lava kann man sich das langsam sich erneuernde oder verändernde Zusammenleben von Menschen,

Tieren und Pflanzen vorstellen. Es war ein langer Weg, der viel Geduld brauchte. Etwas davon erahnen können wir in den Felsmalereien von Norden nach Süden. Die südfranzösischen Fels- und Höhlenmalereien gelten als die ältesten. Die Frage, ob die Höhlen- und Felsmalerei nach der Eiszeit von Südfrankreich ausgehend langsam südwärts und in die Wüste zog, wird heute kontrovers behandelt. Vieles ist noch zu erforschen. Wissenschaftler im südlichen Afrika haben erst ab 2005 darüber nachzudenken begonnen, dass die Buschmänner in Südafrika (San) und in Australien eine genetische Verwandtschaft aufweisen.

Wir können heute vermuten, dass Landwirtschaft nicht mit dem Vieh oder dem Pastoralismus begann, sondern eher mit der Pflanzenzüchtung. Doch selbst als Menschen mit der Kultivation der Erde begannen, war ihre Nahrungssicherheit noch sehr gering. Ackerbau war etwas äußerst Riskantes. Die Natur konnte die Frucht viel leichter zerstören als die später hinzugekommenen Schafe und Ziegen.

Am Schluss kehren wir zurück zur Behauptung: Die Menschen ließen sich kaum auf Stufen des Fortschritts ein, nein, sie waren klug genug, um Mischkultur zu betreiben. Menschen, Pflanzen und Tiere stützten einander ab und ergänzten sich. Zum Wesen der Frühlandwirtschaft gehört die Mischkultur. Man könnte sagen, die Agrarkultur beginnt mit Kombination und Symbiose.

Effiziente Pastoralisten

Die Hirtenkulturen oder Pastoralisten wurden lange schmählich degradiert; man stellte sie als rückständig und primitiv hin. Daran sind auch die Ethnologen schuld, die nie hinter die Geheimnisse dieser Viehhalter kamen und deshalb für diese Bevölkerungsgruppen eher despektierliche Begriffe wie *stock complex* (Philip H. Gulliver, *The Family Herds,* 1955) oder *cattle complex* (Melville J. Herskovitz, *The Cattle Complex in East Africa,* 1926) einführten – zu deutsch etwa: Rinder- oder Großviehkomplex. Ich selber und andere heutige (Agrar-)Historiker mögen den von der Ethnologie geprägten Begriff »Komplex« nicht besonders, weil wir darin eine Tendenz zu Magie und Mystik und ein irrationales und ideologisches Gebilde sehen. Man mag heute über eine solche Begrifflichkeit und Wortklauberei schmunzeln, aber das Ganze war zur Kolonialzeit nicht zum Lachen. Die westliche Welt bezeichnete die Hirtenkulturen insgesamt als Nomaden; sie mussten Herumziehende sein, weil sie so keinen Anspruch auf Land erheben konnten.

Zwei Studien haben dem Nomadenmythos ein wissenschaftliches Ende bereitet. Zuerst kam die Schwedin Gudrun Dahl, die 1979 das beinahe poetische Wissenschaftsbuch *Suffering Grass. Subsistence and Society of Waso Borana* (Leidendes Gras. Subsistenz und Gemeinschaft bei den Waso Borana) veröffentlichte. Bereits zwei Jahre später folgte Silberbauer mit seiner Kalahari-Studie. Beide

Studien zeigten die hoch differenzierten sozialen und ökonomischen Strukturen von einfachen Völkern, die wahrlich eine faszinierende Transhumanz lebten.

Die Dahl-Studie schreibt nicht etwa eine »Stammesgeschichte« der kenianischen Borana, sondern geht auf Planung, Organisation und Risikomanagement, auf Arbeitsteilung und Kommunikation zwischen Menschen und Tieren ein. Denn auch das Organisieren des Agrarlebens, der Lifestyle, gehört zu einer Agrargeschichte. Wer glaubt, es sei die Moderne, die all das erst entwickelt habe, täuscht sich sehr. Die Borana, Karamojong, Samburu oder Pokot, alle im Norden von Kenia und gegen Äthiopien und Somalia ansässige Bevölkerungsgruppen, kannten zwar die heutigen Begriffe nicht, aber was im neuesten Manual der Geschäftsführung steht, haben sie vor Langem praktiziert.

Gudrun Dahl hat über längere Zeit Arbeitsweise, Planung und Organisation der Borana beobachtet und erfragt. Einige ihrer Erkenntnisse lauten:

- Es gibt bei den pastoralistischen Borana zwei verschiedene Zentren: Da ist einmal der Platz, wo der Haushalt lokalisiert ist, von wo die Menschen ausgehen und zusammenkommen, wo sie planen und Entscheide treffen. Zum Zweiten gibt es das Camp, wo das Vieh ausruht, von wo die Tiere ausgehen und wohin sie regelmäßig zurückkehren; das ist auch der Ort, wo die Hirten wohnen.
- Die Hirtenkultur kennt zwei verschiedene Herden: Die Hawicha-Herde besteht aus Tieren, die Milch geben; diese Herde ist näher beim Lager. Die Fora-Herde umfasst die männlichen Tiere, ältere oder »brachliegende« Kühe und Kälber.
- Alle Menschen, selbst die Kinder, sind in die Vernetzung einbezogen: Die Buben hüten die verschiedenen Herden. Die Mädchen sind fürs Wasser, fürs Waschen und Reinigen zuständig. Sauberkeit ist außerordentlich wichtig, denn von ihr hängt die Gesundheit von Menschen und Tieren ab.

- Ebenso wichtig ist die tägliche Mobilität. Welche Herde geht auf welches Feld? Und ist es das richtige Feld? Täglich müssen die verschiedenen Herden vom Camp wieder ausgeführt und zu Tränken geleitet werden. Gudrun Dahl hat verschiedene Mobilitätsweisen unterscheiden können: Die tägliche Ausführung der verschiedenen Herden zum Weiden und Trinken; das Hin und Her zwischen Fora und Camp; größere und weitere Bewegungen von der Fora zu Orten hin, wo nur knappe und zeitlich begrenzte Ressourcen an Futter und Wasser zur Verfügung stehen; der Transfer der verschiedenen Tiere je nach Zustand zu Fora oder Hawicha; nach angemessener Nutzung aller möglichen Gräser und Kräuter (aber keine Übernutzung bitte!) die Verlagerung des Camps und der Tiere an genau nach Jahreszeit festgelegte Orte.
- Wie bereits festgestellt, ist bei den Borana Vieh nicht einfach Vieh; es existieren nebeneinander und nacheinander Kühe mit Milch, Kühe ohne Milch, Kühe, die trächtig sind, Kühe mit Kalb, alternde Kühe, Kühe, die zum Schlachten kommen, um Menschen zu ernähren. Je nach Zustand des Tieres gibt es ein eigenes Wort für dieses Tier. Das Umteilen, Neu-Zuteilen, Angewöhnen und Loslösen bedeutet viel Arbeit.
- Die Hirten müssen von klein auf alle Gräser, Kräuter und Bäume und ihren möglichen Gebrauch kennen; wichtig ist, bei jeder Pflanze den Übergang zur Stufe der Giftigkeit oder Überreife zu erfassen; das Unterscheiden dieser Übergänge kann lebenswichtig sein. Die jugendlichen Hirten müssen in der Umgebung den ganzen Wachstumszyklus von Gras und anderen Futterquellen kennenlernen. Mädchen spezialisieren sich auf Heilkräuter; dass sie alles Essbare aufzuspüren vermögen, ist selbstverständlich.
- Die Borana halten auch einige Kamele; diese sind wichtig für den »Einkauf« auf der somalischen Seite. Ein Kamel ist für sie

manches in einem: Bank, Währung, Tauschmittel, Transportmittel und Prestige.

Die Borana, so stellt Dahl fest, haben einen genau definierten Raum, in dem sie sich mit dem Vieh bewegen. Dieser Raum war vor der Kolonialzeit viel größer; er wurde durch die Engländer massiv eingeengt, sodass ein Überleben kaum mehr möglich war. Die Engländer befahlen den Borana, sich anzupassen und sesshaft zu werden. Ihre Zyklen können sie heute kaum mehr leben. Doch mit Störungen in ihrem Wander- und Lebensrhythmus mussten die Borana immer schon umgehen können – heute mehr denn je, weil das Gras wegen Trockenheit und Überweidung ausbleibt.

Kurz vor dem Absterben einer großen Kultur wurde diese in Dahls Studie noch einmal eingefangen und voller Empathie dokumentiert. Daraus ist so etwas wie ein poetischer Blues geworden, wie das bereits im Titel der Ausdruck *suffering grass* (leidendes Gras) antönt. Diese Poesie geht in jeder Zusammenfassung verloren.

Mit dem Speer unterwegs

Zur Pastoralistenkultur gehört auch der von den Europäern missverstandene Viehraub. Einst war dieser Viehraub ein fast spielerischer Test, ob bestimmte Burschen ihre Herden wirklich bewachen. Es handelte sich bestimmt auch um Männlichkeits- und Tapferkeitsproben. Um eine Frau zu bekommen, musste ein junger Mann den Brautpreis selbst rauben oder erobern. Heute, mit den modernen Schusswaffen, ist solches Brauchtum nicht mehr auf friedliche Weise möglich. Doch im Grunde war der Pastoralismus wohl immer eine kämpferische Kultur. Die straffen Organisationsformen bei allen ostafrikanischen Pastoralisten lassen fast auf eine Militärkultur en miniature schließen. Man denke dabei auch an die Masai, ebenfalls in Kenia (und im nördlichen Tansania) beheimatete Pastoralisten, die stets mit dem Speer unterwegs waren.

Décrue-Bewässerung

Die erste Beschreibung eines Décrue-Bebauungs- und Bewässerungssystems stammt von einem in Mali stationierten französischen Soldaten, der nebenbei Archäologie betrieb. Leutnant Louis Desplagues beschrieb das »eigenartige Phänomen« um 1900 so: »Das Pflanzen beginnt, sobald das Wasser von den Flussbänken sinkt und das höher gelegene Flusswasser schwindet. Dann beginnt die lokale Bevölkerung in verschiedenen Schritten die Feuchtigkeit, die im Boden zurückbleibt, zu nutzen; und dank dieser Kunst versetzen sie Reis und Hirse bis zur Ernte dauernd neu ...«

Der französische Kolonialbeamte und Ethnologe Jean Pasquereau publizierte 1969 zusammen mit Jack R. Harlan, dem bekannten Spezialisten für afrikanische Botanik, eine Studie mit dem Titel *Décrue Agriculture in Mali* (Décrue-Landwirtschaft in Mali). Damit war das Wort *décrue* in die Archäologie eingeführt. Auch die Amerikaner übernahmen den Begriff; er wurde nie – auch nicht ins Deutsche – übersetzt. Im gemeinsamen Artikel schrieb Harlan:

»Eine Décrue-Pflanzung muss auf der Feuchtigkeit basieren, die im Boden gespeichert ist. Jede Vorkehrung, die den Lebenszyklus der Décrue-Ernte beschleunigt, kann nützlich sein. Eine der gängigsten Methoden ist das Umpflanzen. Vor allem wird dieser Vorgang bei Sorgho genutzt. Schösslinge werden in einem Bett mit sandigem Boden bereit gehalten. Sobald das Wasser sich zurückzieht und Land frei wird, werden die Setzlinge ausgegraben und einzeln umgepflanzt in von Setzhölzern gegrabene tiefe Löcher, die dann mit Stöcken markiert werden. Die Löcher sind zwischen 30 und 40 Zentimeter tief. Die Verlegung geht im Abstand zwischen 1,5 und 2 Meter voran …«

Décrue ist also eine systematische Umpflanzung durch geschickte Nutzung der Feuchtigkeit im Boden, sie geschieht während des langsamen Rückzugs des Wassers von der Uferböschung oder von den Uferböden. Ideal sind möglichst breit sich ausdehnende und leicht ins Flussbett abfallende Anbauflächen. Das System schließt womöglich die Nutzung des Flussbettes mit ein. Diese Anbaumethode bedingt sehr viel Arbeit und muss in größeren Arbeitsverbünden vollzogen werden. Das setzt genaue Beobachtung, Organisation und rasche Arbeit voraus. Dazu werden außerdem Setzhölzer benötigt. Das alles war bestimmt mit ein Grund, warum die Décrue-Bauern Pflanzensorten mit einer immer kürzeren Reifungszeit züchteten.

Décrue wurde im Nigerbogen rund um Timbuktu, bei Saint-Louis am Senegalfluss und bei den Reispflanzungen in Sierra Leone festgestellt, aber auch – und das überraschte die Forschung – an kleinen Flüssen in Namibia und am Sambesi in dem Teil, der heute vom Lake Kariba überflutet ist und vor der Stauung noch von Archäologen ausgegraben wurde.

Die bekannten Ethnologen Thayer Scudder und Elizabeth Colson (zuerst 1962, dann vertieft 1980) erkannten Variationen des Décrue-Systems beim Tonga-Volk, das nicht zu den Bantu gehört und – auch heute noch – eine enge Bindung zur Hirse hat. Die Tonga leben in Sambia am Sambesi und seinen Zuflüssen. Da beide Forscher keine Agrarwissenschaftler waren, kamen sie erst nach und nach auf eine heute noch existierende Agrarpraxis bei den Tonga, nämlich die Kuti-Gärten oder -Deiche, bei denen eine Décrue-Methode angewandt wird. Parallel dazu gibt es Unda, das sind Flussgärtchen. Beide Systeme erlaubten jährlich eine zweifache Ernte.

Wiederum stehen wir vor dem geografischen Rätsel: Wurden dieselben oder ähnliche Agrarmethoden unabhängig voneinander entwickelt, oder erhielt man durch Migration Kenntnis davon? Es gibt eine Gemeinsamkeit der erwähnten Kulturen, von der man ausgehen könnte. Es handelt sich – mit Ausnahme des Reises – um Hirsekulturen, genauer um Mischkulturen, die vor allem mit Fonio, Sorgho und Hirse spielten. Décrue ist klar mehr als eine Bewässerungsform, denn die Anbaumethode geht eng mit Zwischenpflanzungen und Umpflanzung einher. Das würde auch auf die Reisvariante zutreffen.

Die Archäologen kennzeichnen das Décrue-System durch folgende Merkmale: Es wird an Flüssen angewandt, die während der Regenzeit überfluten. Wenn sich die Flut zurückzieht, beginnen Bauern die Feuchtigkeit zu nutzen. Vorausgehend haben diese Bauern Hirse oder Reis in kleinen Beeten oder gar Töpfen angepflanzt. Die Pflanze, die am wenigsten Wasser braucht, wird als erste zurückgelassen, und die anderen werden versetzt. Die Pflanze, die am meisten Wasser braucht, wird mit größter Sorgfalt behandelt. Man setzt daher nicht einfach alle Setzlinge gleichzeitig um. Man hantiert also mit verschiedenen Pflanzentypen, einer Abstufung von Pflanzen, die mehr Wasser benötigen, und solchen, die mit wenig Niederschlag durchkommen.

Der Agrararchäologe und -historiker Paul Richards hat Décrue-Anbau im Kontext von Reis in Sierra Leone in der Praxis gesehen und beschrieben (vergleiche dazu das Kapitel »Afrikanischer Reis«). Der Archäologe Patrick Munson hat bei einem Rückblick auf seine Grabungen in Dhar Tichitt auf das Vorhandensein von Décrue »als durchaus wahrscheinlich« hingewiesen. Elizabeth Colson ist überzeugt, dass man bestimmt Décrue gefunden hätte, wenn die Südafrikaner beim Bau des Cahora-Bassa-Staudamms (auch am Sambesi, in Mosambik) ausländischen Forschern Zutritt gegeben hätten. All das beweist, dass Décrue nicht bloß eine singuläre und lokal bedingte Pflanzmethode war.

Eine heutige Nachfolgemethode von Décrue könnte die Spatenbewässerung sein. Man gräbt bei Wasserrückgang mit Spaten Löcher in den Boden, nicht um das Wasser aufzuhalten, nein, vielmehr um den Boden weiterhin feucht zu halten. Das ist jedoch nur bei gewisser Bodenbeschaffenheit möglich. Man praktiziert die Spatenbewässerung heute noch am Niger in Nigeria; doch die Zwischenpflanzung ist weggefallen.

Décrue und die mit ihr verwandten Anbaumethoden bestehen aus einem ganzen Kosmos von Fluss und Zuflüssen, Bodenbeschaffenheit, Pflanzen, Feuchtigkeit und dreimonatiger genau eingeteilter Arbeit. Die Böden entlang diesen Flüssen sind ganz besonderer Art, säuerlich oder sandig, vulkanisch oder lehmig. Die Serer nennen diesen Humus Foonde, eine Kategorie, die sie noch fünfmal in feinere Kategorien unterteilten. Dass diese Menschen ihren speziellen Flussboden kannten, illustriert die Sprache; ich nenne bloß die verschiedenen Worte für Boden, die einen Bezug zu verschiedenen Gesteinsformationen haben: Hollalde, Wallere, Jakre und Waka. Je nach Bodencharakter variierte die Feuchtigkeit, die ebenfalls verschieden benannt wird. Diese Farmer waren auch Geologen, Klimabeobachter (wichtig etwa für die Planung der komplexen Umpflanzungen) und wussten zu differenzieren.

Der afrikanische Pflug

Auf keinem Kontinent fanden die Archäologen so viele und verschiedene Formen von Hacken wie in Afrika. Lange Zeit konnten sich die Forscher verschiedener Wissenschaftsrichtungen dieses Verharren bei der Hacke nicht erklären.

Ein einziges afrikanisches Land bloß kannte vor dem Kolonialismus den Pflug – und das war das christliche Äthiopien. Doch einen anspruchsvollen Umgang mit dem Pflug haben auch die Äthiopier nicht gelernt. Oder doch? Ist der Rückzug zum Holzpflug eine solche regional angepasste Entwicklung? Wahrscheinlich war der Pflug in Äthiopien mehr ein Symbol das die Verbindung zum Letzten Abendmahl und zur Eucharistie aufrechterhielt, denn in christlicher Tradition waren Weizen und Pflug seit jeher ein Geschenk Gottes.

Von dieser christlichen Mythologie waren auch die Kolonialisten – ob Engländer, Franzosen, Portugiesen oder auch die Buren – tief geprägt: Für sie alle waren westliches Brotgetreide und der Pflug Zeichen einer hochstehenden Kultur und somit auch einer hochstehenden Agrarkultur. Alle – voran die Briten – haben diese Pflugmystik gepflegt; bis heute gibt es in vielen dieser Länder die Tradition des Wett- und Schönheitspflügens. Führend waren nach den Briten die Amerikaner, gefolgt von den Buren, weitergereicht wurde die Tradition nach Australien und Neuseeland. Das perfekte Pflügen bedeutete die Ankunft der Kultur.

Exakt diese Kultur hätte man doch auch den Afrikanern gönnen mögen, doch diese zeigten sich nie sehr interessiert am Pflug. Wie hätten sie auch interessiert sein sollen? Denn genau das Land, das sich mit Pflug bearbeiten lässt, hatten sich die Kolonialisten genommen und unter sich aufgeteilt. Das »beste« Land in Kenia und Tansania besaßen die Kolonialherren, ebenso das geradezu ideale Farmland in Rhodesien und Südafrika. Die Franzosen hatten erst nach der Berliner Konferenz 1884/85 gemerkt, dass die Briten sie bezüglich des fruchtbaren Lands in Afrika übers Ohr gehauen hatten. Wie wollte man in der Sudan- oder Sahelzone und in der Trockensavanne pflügen?

Selbst das »britische« Restland ertrug den Pflug auf Dauer nicht. Es geschah schrittweise das, was in den USA bereits in den 1930er-Jahren zur Katastrophe geführt hatte. Der locker gepflügte Humus wurde vom Wind in die Luft gewirbelt und weggeblasen. Nicht nur der Pflug selber ist daran schuld, sondern auch das für das Pflügen notwendige Entfernen von Bäumen und Hecken zwecks Geradlinigkeit; dazu kam die erdschädigende Monokultur.

Man kann nur darüber spekulieren, ob die Europäer beziehungsweise die Weißen anders gehandelt hätten, wenn sie mehr gewusst hätten. Die Kolonialisten kamen alle ohne viel Kenntnis des Bodens; und sie unterstellten gar, dass Land weltweit einfach Land sei. Arroganz einerseits und Glaube an die Machbarkeit andererseits vereitelten Offenheit und Austausch mit einheimischen Bauern. Demgegenüber hat die afrikanische Agrargeschichte klargemacht, dass die Bauern der Vergangenheit viel mehr über ihre Böden und die nähere Umwelt wussten, als die Wissenschaft bis heute vermutet. In Bezug auf Böden gibt es keine »primitive Zeit«. Afrikas Menschen ging es um die Anpassung an die bestehenden ökologischen Bedingungen, um das Einbinden aller Kräfte fürs gemeinsame Überleben und um das Balancieren der verschiedenen Bedürfnisse.

Wichtig war nie das individuelle Genie, sondern die erfolgreiche Zusammenarbeit. Daher wohl ist diese afrikanische Geschichte so wenig personenzentriert.

Selbst wenn andere Faktoren günstiger für den Pflug gewesen wären, so kommt ein weiterer pflugfeindlicher Charakterzug afrikanischer Landwirtschaft hinzu, nämlich die Kleinheit der Flächen. Erst mit Ankunft der Europäer hielt das Konzept der Großfarm Einzug. Da bei der Landverteilung alle einbezogen werden mussten, alle Familienmitglieder, alle Frauen eines Mannes und so weiter, ging die Fläche traditionell selten über Gartengröße hinaus. Wie die Familie, so waren auch die Landstücke ineinander verzahnt. Aufteilen hätte Individualisierung bedeutet. Diese Neuausrichtung auf den Einzelnen schlich sich schrittweise in der Kolonialzeit ein, als die afrikanischen Männer das Land den Frauen überlassen und sie selbst zu Europäern auf die Farm arbeiten gehen mussten.

Wenn wir uns an das Ägypten der Pharaonen erinnern, wissen wir, dass es Schwarzafrikaner gab, die Landwirtschaft betrieben und mit dem Pflug operierten. Warum haben sie diesen Pflug nicht zurück ins Tschadbecken mitgenommen? Weil diese Savannen- und Sahelböden den Eisenpflug nicht vertrugen. Da es sich hier generell um Mischkulturen und um zeitlich gestaffelte Pflanzungen handelte, um Böden, die dringend die Akazien und andere Bäume sowohl zur Fruchtbarkeit als auch als Schatten brauchten, kam der Pflug aus Persien nicht infrage. Unbedeckte Böden verkrusten und verhärten rasch, ja, sie werden so hart, dass der Pflug nicht mehr durchkommt. Die Bauern mussten zur Regenzeit bereit sein, mit der Hacke den Regen zu begleiten. Afrikas Bauern kannten über den gesamten Kontinent verteilt viele Formen des Mulchens.

Immer wieder fällt dem Europäer auf, dass in Afrika gekrümmt gehackt wird. Warum wurde nicht zum langen Holzstiel gegriffen? Mit dem Aufhacken zusammen ging auch ein Sortieren; bestimmte

Wurzeln mussten herausgenommen werden. Das ist die eine Seite, die andere ist das gleichzeitige Setzen oder Säen. Man hackt selten das ganze Gebiet auf; man hackt Löcher heraus und streut die Saat hinein.

Der Pflug kam erst spät unter Verdacht, ökologischen Schaden anzurichten. Auf einige einflussreiche Autoren sei im Folgenden hingewiesen, denn was diese allgemein und über Europa beziehungsweise über die USA schreiben, kann nach dem hier Aufgeführten erst recht auf den afrikanischen Kontinent übertragen werden:

- Professor Günter Kahnt von der Agraruniversität Stuttgart-Hohenheim veröffentlichte 1976 das Buch *Ackerbau ohne Pflug*. Er weist sehr eindrücklich und sogar mit Zahlen darauf hin, wie viel der Pflug ökologisch zerstört hat. Er warnt und mahnt ein anderes landwirtschaftliches Verhalten an.
- Professor Wesley F. Buchele von der Iowa State University war 1977 in den USA der erste Akademiker, der den Pflug als ein mythologisches Instrument der Amerikaner darstellte. Unter dem Titel *Plough and Progress* (Pflug und Fortschritt) beschrieb er das tragische Versagen dieses Werkzeuges und er meinte sogar, dass der Bauer am Pflug »ein Selbstmörder in Raten« sei.
- Die US-Ökologen Joe und Nancy Paddock und Carol Bly veröffentlichten genau zehn Jahre nach Kahnt das Werk *Soil and Survival* (Erde und Überleben). Sie geißelten die *all plough ideology*, die Ideologie des Pfluges, und berechneten, dass die USA – falls sie so wie bis anhin weiterführen – in etwa hundert Jahren die Fruchtbarkeit der Böden ausgelaugt hätten und alles zu versteppen begänne. Sie riefen dazu auf, »endlich den biologischen Anbau zu respektieren«.

Diese und weitere Autoren trugen dazu bei, dass ein biologischer Anbau möglich wurde. Für Afrika wird es wohl eher das sogenannte Eco-Farming sein; dieser Ansatz ist etwas weniger »naturrein«, bezieht das Sozialsystem mehr ein und erlaubt eine breitere Vernetzung. Dazu lässt sich ergänzend sagen, dass Afrikas Bauern bereits seit 10 000 Jahren einen ökologischen Landbau betrieben haben. In Afrika kann die Landwirtschaft der Zukunft auch wieder und vermehrt die Verbindung von Land mit Wald, Bäumen, Sträuchern und Büschen nutzen. Die englischsprachigen Forscher, die das Konzept bereits in den 1970er-Jahren entwickelten, nannten diese Agrarkultur *Agroforestry*, auf Deutsch heißt sie Agroforstwirtschaft. Hörte man bis vor Kurzem noch: »Fällt Bäume für den Fortschritt, opfert sie dem Pflug«, so heißt das neue Agroschlagwort eher: »Pflanzt Bäume für die Zukunft, opfert (da und dort) den Pflug.«

Die Wald-Land-Wirtschaft

Eine Zwischenstufe oder einen Übergang von Wald- zu Landsiedlungen, so wie man das von Europa kennt, wird es wohl auch in Afrika gegeben haben. In der europäischen Agrargeschichte hat der Österreicher Michael Machatschek diese gemischte Wald-Land-Wirtschaft ziemlich stringent und eindrücklich nachgewiesen. Seine 542-seitige Studie *Laubgeschichten* (Wien 2002) geht dieser Wirtschaftsweise im Alpengebiet nach, besonders im Tessin, im Jura und im Tirol, wo sie noch bis in die Neuzeit praktiziert wurde. Der Untertitel verrät, worum es Machatschek geht: *Gebrauchswissen einer alten Baumwirtschaft, Speise- und Futterbaukultur.* Parallel mit dem Ausbau der Viehzucht ging jeweils eine größere Nutzung der Waldbäume einher. Doch vieles in der Geschichte des Wald-Feld-Anbaus kann nachträglich nur noch durch indirekte Beobachtungen erschlossen werden.

Bis heute haben wir leider keine vergleichbare Studie für Afrika. Man hat die ökologische Welt des Waldes, der Bäume und der Hecken beinahe gänzlich übersehen. Dabei sind sie – wie das Serer-Kapitel zeigt – auf dem afrikanischen Kontinent außerordentlich wichtig.

Die Biologen Richard Pott und Joachim Hüppe kamen in ihrem Buch *Die Hudelandschaften Nordwestdeutschlands* (1991) für den zentraleuropäischen Alpenraum zu folgendem Schluss: »Die Andauer der Waldhude dürfte sich insgesamt über einen Zeitraum von nahezu 5000 Jahren erstreckt haben; denn nach Befunden pollenanalytischer und archäologischer Forschung fallen ihre Anfänge höchstwahrscheinlich mit dem Ackerbau und der Viehhaltung zu Beginn der Jungsteinzeit zusammen.« Es gibt einige wenige Pollenanalysen aus dem westafrikanischen Raum, von denen auf eine ähnliche Entwicklung im afrikanischen Raum geschlossen werden könnte. Wichtige Hinweise erhielten wir aus Pollen auf dem Grund oder an den Uferabhängen von Seen und Flüssen. Analysen von Pollen aus dem Victoriasee auf ugandischer Seite geben klare Hinweise darauf, dass nach 12 500 BP die Waldbäume in dieser Gegend zunahmen. Der Agrarhistoriker sollte diesem Übergang mehr Aufmerksamkeit schenken.

Angenommen, afrikanische Menschen haben ursprünglich im Tropenwaldgebiet, das über Jahrtausende hinweg stark abgenommen hat, in Waldlichtungen oder auf ungerodeter Fläche gelebt. Angenommen, diese Menschen haben ein oder zwei Kühe, ein paar wenige Ziegen und Schafe gehalten, und diese Haustiere haben nicht mehr allein vom Gras auf dem kärglichen Boden überleben können. Aus dieser Situation könnte der Ursprung der Wald-Land-Wirtschaft, eine Mischform mit der Futterlaubwirtschaft, entstanden sein. Vielleicht wären die Pygmäen in diese Agrargeschichte einzureihen.

Dass auch auf afrikanischem Boden Menschen schon früh im Wald kultivierend eingriffen, kann wissenschaftlich nachgewiesen werden: Fast alle Wälder Afrikas sind sekundär, das heißt, sie sind keine Urgewächse. Blitze, deren Einschlag von Menschen und Tieren (Elefanten im Besonderen) genutzt wurde, haben Veränderungen im Unterholz bewirkt. Menschen haben Holz gefällt oder beschnitten und nachwachsen lassen. Es wurde weitherum eine Schnaitelwirtschaft betrieben; Schnaiteln oder Schneiteln ist eine Wirtschaftsweise, die man auch als Futterlaubwirtschaft bezeichnen könnte.

Der erste Wissenschaftler, der behauptete und auch nachwies, dass es in Westafrika keinen Urwald *(virgin forest)* mehr gäbe, war 1975 Paul W. Richards mit seinem Buch *The Tropical Rain Forest* (Der tropische Regenwald). Er sieht drei wichtige Agenten, die vorab in die Entwicklung eingegriffen haben: Blitz, Elefanten und Termiten. Diese Interventionen wurden dann von Menschen genutzt. Die Bäume und Sträucher wurden kultiviert, zum Beispiel regelmäßig geschnitten, aber wohl auch gezweit (bepfropft, gekreuzt). Man formte die Kronen zurecht und versuchte, je nach Lichteinfall, verschiedene Stockwerke zu errichten. Man betrieb also eine ganz einfache Baumarchitektur und Landschaftsgestaltung.

Bäume sind eine der wichtigsten Grundlagen für Landwirtschaft, da sie über viele Generationen hinweg nutzbar sind; sie sind an langfristiger Nutzung und Stabilität gemessen sogar effizienter als Ackerkulturen. Die Menschen der frühen Wald-Land-Wirtschaft haben erstaunliche Fertigkeiten entwickelt. Sie kannten und nutzten bei einem Baum oder Busch alle Teile vom Unterholz bis zur Krone auf je eigene Weise. Sogar der Schatten der Bäume wurde über die Beschneidung von Kronen und Stockwerken gesteuert. Gewisse Bäume und auch Sträucher boten eine breite Palette an Nutzungsmöglichkeiten. Zum einen lieferte der Wald viele Lebensmittel für Menschen und Futter für das Vieh. Blätter konnten für Soßen und Salate verwendet werden; man dörrte sie und machte Mehle daraus; sie bildeten ideale Beilagen für Eintopfgerichte. Rindenteile – je nach Alter – dienten ebenfalls Nahrungszwecken: gestampft, ausgekocht oder eingelegt in Wasser. Nadeln presste man, machte Tee aus ihnen. Dann lieferten die Bäume auch Brennmaterial. Weiter wurden Blätter und Wurzeln für medizinische Zwecke bei Mensch und Tier genutzt.

Die Wald-Land-Wirtschaft war also längst ein Pflegen. Das pure Sammeln und bloße Gewährenlassen, das Ethnologen und

Agrarhistoriker lange Zeit annahmen und als Sammlerperiode bezeichneten, ist ein Mythos. Diese Aktivitäten im Wald und an den Waldrändern waren von Menschen gemachte Agrikultur, mit Domestikationen und Züchtungen. Menschen intervenierten, dirigierten und versuchten, die Natur unter ihre Kontrolle zu bringen. In diesem Dazwischen war man sesshaft. In dieser Übergangszone nahmen die Menschen eine »nahrhafte Landschaft« wahr, wie der Titel eines anderen, sehr anregenden Buches von Michael Machatschek besagt (*Nahrhafte Landschaft: Ampfer, Kümmel, Wildspargel, Rapunzelgemüse, Speiselaub und andere wiederentdeckte Nutz- und Heilpflanzen*, 1999). Die Wald-Land-Wirtschaft war eine historische Stufe, ein wichtiger Übergang der Menschheit in den weltweiten – auch den afrikanischen – Waldgebieten.

Nicht überall auf der Erde gab es einmal flächendeckenden Wald. Es gab immer auch Wüsten, Wüstenrandgebiete, Steppen und Savannen. In diesen Zonen herrschte der Busch. Neben dieser eigenständigen buschigen Trockensavanne gibt es auch noch den durch Rodung entstandenen Busch, die wachsenden Flächen, die nach der Waldabholzung übrig blieben. Auf diese Weise wurde im Denken der meisten Europäer der gesamte Kontinent Afrika zum Busch. »Er geht in den Busch«, hieß es zum Beispiel, wenn sich ein Missionar aus dem Luzerner Hinterland nach Afrika aufmachte. Trotzdem hat man den Busch in der Agrargeschichte total vergessen; die Wissenschaft überging den Busch auf dem afrikanischen Kontinent.

Für die Menschen rund um diese Gewächse war der Busch lebenswichtig. Doch später hat die Arroganz aus dem Norden den Busch der Lächerlichkeit preisgegeben. Man bezeichnete Afrikaner in abschätziger Manier einfach als Buschmenschen. Cyrus M. McKell hat 1975 im Wissenschaftsmagazin *Science* eine Übersicht der wissenschaftlichen Arbeiten zum Thema »Der Busch – eine vernachlässigte Ressource von Trockenböden« zusammengestellt. Zu

Afrika konnte er nichts finden. Selbst zu bestimmten gut erforschten Sträuchern gab es keine afrikaspezifische Studie. Vielleicht ändert sich das nun, da das International Centre for Research in Agroforestry ICRAF (in Nairobi und Bamako) die Agroforstwirtschaft zu einem weltweit wichtigen Forschungszweig aufgewertet hat.

Wenn Wissenschaften ein Gebiet vernachlässigen, heißt das noch lange nicht, dass es das Phänomen nicht gab oder gibt. In herkömmlichem wissenschaftlichem Verständnis drohen Busch und Hecke zu verschwinden, sobald keine Studien zitiert werden können. Doch man muss und kann zur direkten Beobachtung als Basis neuer Erkenntnisse zurückkehren.

Die Agrar- und Forstwirtschaftsschulen in Europa und noch mehr in den USA gingen Sträucher vom rein wirtschaftlichen Wert her an. So gesehen blieben die Büsche nutzlose Eindringlinge. Ökologische Gesichtspunkte existierten selbst in der Wissenschaft bis zu den 1970er-Jahren kaum. Man findet in vielen wissenschaftlichen Studien aus den USA sogar den Hinweis, dass »große Flächen wegen der Sträucher unfruchtbar« seien, dass Sträucher keinen hohen Nährwert besäßen, dass die Sträucher einst als Vieheinzäunung nützlich waren, doch heute mit dem elektrischen Zaun überflüssig geworden seien. McKell zählt in seiner Übersicht über die Buschforschung so viele Nachteile auf, dass man sich fragt, ob man die Sträucher überhaupt wirtschaftlicher nutzen kann oder ob man sie besser ganz vergessen sollte.

Afrika kommt in dem Bericht wie gesagt gar nicht vor. Doch in Afrika erhalten Sträucher heute wieder eine Funktion im Kampf gegen das Vordringen der Wüste (siehe dazu auch das Kapitel »Der afrikanische Pflug«). Wissenschaftler müssen mit lokalen Bauern zusammenarbeiten, wenn sie Unkraut von Nutzgewächsen trennen wollen.

Bewirtschaftetes Parkland

Als die Franzosen und Briten ihre königlichen und fürstlichen Herrschaftsgärten verließen und nach Afrika kamen, sahen sie, wie im Sahel und in den Savannen Nigerias und Rhodesiens »alles wild durcheinander wuchs«. Sie schlugen die Hände über dem Kopf zusammen. Da lag der Beweis für die Kultur- und Zivilisationslosigkeit dieser afrikanischen Gesellschaften deutlich vor Augen; sogar in Sachen Landwirtschaft waren diese Leute, die doch vom Land lebten, ganz und gar unbeholfen! Bis heute versuchen Hunderte von Hilfswerken den Afrikanern die richtige Landwirtschaft beizubringen.

Diese Vorstellung von der Minderwertigkeit afrikanischer Agrikultur wurde rasch zur Gewissheit. Man nahm zum Beispiel an, dass dem Afrikaner eben die Instrumente und Maschinen gefehlt haben, um diese wild mitten in Feldern herumstehenden Bäume zu fällen und das Land richtig für die Saat zuzubereiten. Diese Definition von Fortschritt färbte auch auf die Agrarwissenschaft ab. Erst als in den 1970er-Jahren eine große Dürre den Sahel heimsuchte und Experten sich zu fragen begannen, was denn gegen die Wüstenbildung und gegen die Hungersnöte getan werden könnte, ging einigen endlich auf, dass diese verschiedenen Bäume mitten im Gelände einen Sinn haben könnten.

Langsam wurde im Westen festgestellt, dass es neben der »klassischen« Landwirtschaft, die aus dem Wald hervorging, auch eine spezielle, ganz klug geplante und bewerkstelligte Agrarkultur für die Sahel- oder semiaride Zone und die Trockensavanne Afrikas gab. Diese Landwirtschaftsweise wurde bis vor Kurzem übersehen, und konnte daher gar nicht in eine Agrargeschichte einbezogen werden.

Der Agroforstwissenschaftler R.A. Pullan prägte 1974 den Begriff *parkland agriculture* – etwa: bewirtschaftete Parklandschaft. Er war beeinflusst von Pélissier und Sautter, die er als Geografen schätzte. Das International Centre for Research in Agroforestry (ICRAF) nahm den Begriff auf. Das Parkland ist ein Gebiet, in dem verschiedenartige Bäume – entweder zu zweit oder zu dritt – verstreut stehen und in dem der Boden gleichzeitig auch bepflanzt und/oder beweidet wird. Sehr oft nennt man das Ganze auch *agroforestry parkland* (Agroforstwirtschaft-Parklandschaft), denn die verschiedenen Bäume haben alle ihren Sinn und Zweck. Das Konzept wurde wissenschaftlich aufgenommen und weltweit durch Publikationen von Kathrin Schreckenberg (ab 1999) und P.N. Lovett (ab 2000) bekannt gemacht.

Die Agroforstwirtschaft des Parklands ist ausgeklügelt, ihre verschiedenen Elemente sind aufeinander abgestimmt, ausbalanciert und auf lange Sicht angelegt. Diese Wirtschaftsweise plant über Generationen hinweg, passt sich verschiedenen physischen oder klimatischen Faktoren an, dient aber trotzdem den Bedürfnissen von Mensch und Vieh. Bei der Entscheidung, ob oder wann Bäume oder Sträucher zu fällen, zu roden oder auch neu zu setzen sind, musste auf andere Familien Rücksicht genommen und mit ihnen zusammen geplant werden. Gebrauch und Nutzung mussten gemeinschaftlich zugeteilt werden. Es ging auch darum, wann man was zwischen den Bäumen pflanzt, ob man etwa sogar Getreide anbaut und im weiteren Umfeld Vieh weiden lässt. Ein integraleres agrikulturelles Konzept lässt sich kaum finden.

Bäume werden also zum integralen Bestandteil eines Farmsystems in arider sowie semiarider Gegend und in Trockensavannen. Deshalb ist es logisch, dass man das Parklandsystem entlang dem ganzen Sahel und im Sudan, in Nordnigeria und Nordkamerun und dann wiederum im südlichen Afrika, besonders entlang dem Sambesi, findet. Ob es vor Ankunft der Europäer im südlichen Afrika anderweitige – vielleicht auch variierte – Parklandanlagen gab, kann heute nicht mehr festgestellt werden. Zuerst im Süden und dann auch in Westafrika und im Sahelgürtel hat man den afrikanischen Bauern diese sehr alte – und also heidnische? – Parklandkultur gründlich ausgetrieben, um sie zu zivilisieren. Die heutigen Hungersnöte sind eine Folge dieser Agrarpolitik. Selbst den staatlichen und privaten Entwicklungsorganisationen blieb das gesamtheitliche afrikanische Konzept der Fruchtbarkeit und des Schutzes von Boden, Mensch und Tieren weitgehend unbekannt.

Im Parkland existiert eine Biophyse, also eine Lebenseinheit von Bäumen, Boden und Ernte. Bäume tragen bei zu Fruchtbarkeit und Naturschutz, liefern Nahrung für Mensch und Tier, Holz fürs Handwerk und zum Kochen und Warmhalten. Die Bäume bilden unter sich eine Gemeinschaft, und sie stützen auch eine menschliche Gesellschaft und erhalten sie gesund. Diese Parklandkultur trug seit jeher zur Biodiversität und auch zu einem ausgeglichenen Wasserhaushalt bei; sie verlängerte die Bodenfruchtbarkeit um mehrere Jahre und verkürzte Brachen. Parkland war viel mehr als die Spielerei, als die sie heute teilweise gar von der Wissenschaft betrieben wird.

Die Zwischenpflanzungen der Hackkultur waren (in dieser Reihenfolge): Hirse, Sorgho, Fonio, Mais, Kassava und Voandzou (ein beliebtes afrikanisches Tropengras).

Die Auswahl der Bäume und Sträucher und ihr langfristig gezielter Aufbau waren ortsbedingt, das heißt von Geologie und Klima abhängig. All das erforderte eine unglaubliche Kombinationsgabe und ein erstaunliches Wissen. Man musste verstehen können, wie die verschiedenen Lebewesen interaktiv sind, wie sie sich gegenseitig anziehen oder abstoßen. Man musste auch von den Vorlieben und Abneigungen der Bäuerinnen ausgehen: Die Frauen wünschten nicht zu viele Dornen und Giftpflanzen, die Wurzeln nicht zu sehr an der Oberfläche, keine zu dominanten Bäume und Sträucher. Doch Toleranz wurde sogar in diesem Bereich gepflegt.

Die ENDA, eine Entwicklungsinstitution, die von Dakar aus in der ganzen Sahelzone operiert, schrieb schon 1972 und dann immer wieder bis 2000 einen Wettbewerb zur Nutzung von Bäumen und Sträuchern des Parklandes aus. Eine Gewinnerin dieses Wettbewerbs listete 62 verschiedene Nutzungsmöglichkeiten für fünf verschiedene Bäume und zwei Sträucher auf.

Die von der Frau genannten Sträucher – *Euphorbia balsamifera* und *Jatropha caucas* – sind sehr häufig im bewirtschafteten Parkland zu finden. Ihre Nutzung sei als Beispiel erläutert:

Euphorbia balsamifera ist ein Milchbaum, der in sehr trockener, sandiger Gegend wächst. Der Busch gilt als wucherndes Unkraut, das dennoch stehen gelassen wird, um den Boden vor zu viel Sonneneinstrahlung zu schützen. Der Baum ist beliebt für Umzäunungen entweder des Wohn- als auch des Weidegeländes und wird auch als Tierfutter sehr geschätzt, denn das Vieh liebt diese Blätter, sowohl frisch wie auch gedörrt; die weiße Milch ist zwar giftig, jedoch medizinisch vielseitig nutzbar.

Jatropha caucas wird auch Barbadosnuss, Purgiernuss oder Brechnuss genannt (frz. *pourghère).* Der Busch gehört zur Familie der *Euphorbiaceae*, ist sehr widerstandsfähig und wächst bis weit in die Wüste hinein. Er wird als Schutzhecke – meist zusammen mit anderen Pflanzen – gepflegt und ist wichtig zur Vermeidung von Bodenerosion. Die Früchte sind giftig (Curcin), ihr Saft wird als Lampenöl genutzt, die zerstampften Nüsse werden als Dünger eingesetzt.

Wir können das bewirtschaftete Parkland auch als *managed landscape* oder gestaltete Landschaft im Dienste von Mensch, Tier und Böden umschreiben. Jeffrey A. McNeely und P. N. Lovett haben nachgewiesen, dass die meisten Parklandbäume ein Produkt menschlicher Zucht- und Kulturarbeit sind; sie wurden über Jahrtausende hinweg dauernd den Bedürfnissen von Mensch und Tier nähergebracht oder angepasst. Sie sind also Monumente einer sehr alten Agrargeschichte.

Das Parkland des Sahel

Das internationale Agrowirtschaftszentrum ICRAF hat zwischen 2002 und 2007 insgesamt 26 Baumarten als Parklandbäume registriert. Ich zähle die wichtigsten auf und füge, soweit mir das möglich ist, einige Charakteristika bei.

- *Acacia albida* oder *Faidherbia albida*: diese Akazie (von Einheimischen Kad genannt) kommt an erster Stelle; gefolgt von *Acacia senegal* und *Acacia nilota*, sie alle erhalten den Boden durch Stickstoffbildung fruchtbar und sind als Windschutz nützlich; gelten als heilig; geben keine Produkte direkt an Menschen ab;
- *Ziziphus mauritiana* oder *Jujubier*: am Feld- oder Wegrand wachsend, dornig, bietet Schutz gegen streunende Tiere, trägt für Tiere und Menschen essbare Früchte; jedoch vor allem begehrt von Ziegen und Elefanten;
- *Piliostigma reticulatum*: leguminös, wird im Feld stehen gelassen; Früchte sind reich an Rohproteinen, Kohlehydraten und Mineralien; Samen schmerzlindernd bei Verbrennungen;
- *Parkia biglobosa*, Néré-Baum, englisch: African Locust Bean Tree (Johannisbrotbaum): bei armen Leuten als karge Nahrung beliebt;
- *Balanites aegyptiaca*, Wüstendattelbaum: dornige Äste, Fruchtfleisch essbar;

- *Combretum micranthum, Combretum nigricans, Combretum glutinosum,* englisch: Leadwood: Kombretum-Strauch mit Dornen, Blätter ziehen Insekten an;
- *Tamarindus indica*, Tamarindenbaum: 6 bis 20 Meter hoch, seine Heimat ist Ostafrika, immergrün, gehört zur Familie der Hülsenfrüchtler, Frucht ist sauer, eignet sich als Würzmittel, reich an Weinsäure und Vitamin C;
- *Adansonia digitata*, Baobab: bevorzugt im Parkland in Senegal und Niger; weil er so auf- und augenfällig ist, hat der Europäer diesen Baum von allen anderen abgehoben und überhöht;
- *Vitellaria paradoxa*, Karité-Baum, englisch: Shea Nut Tree: sehr nützlich, die Beeren werden vor allem zu Seife und Bademitteln verarbeitet, wurde rasch auch von Kolonialisten als »nützlich« erachtet;

Wichtige Parklandbäume außerhalb der Sahelzone (besonders im Sambesigebiet) sind:

- *Diospyros mespiliformis*, im südlichen Afrika als Jakkalbesssie bezeichnet, auf Deutsch Afrikanischer Elfenbeinbaum: im ganzen Sahel und in Afrikas Savanne vorhanden, zwischen 15 und 50 Meter hoch, immergrün; Früchte: Jackalbeeren. Sie werden zum Bierbrauen und zur Herstellung von afrikanischem Wein genutzt, das Holz zum Schnitzen von Masken und Statuen;
- *Cordyla pinnata*, Buschmango, französisch: Poirier du Cayor: präsent im Sahel und in Westafrika; geschätzt wegen der Früchte, Blätter, Rinde, Wurzeln; Früchte sind medizinisch als Mittel gegen verschiedene Bauchstörungen wichtig.

5.
Landschaften

Elefanten in der Sahara

Die Wüste Sahara ist ein lebendiges Agrargeschichtsbuch – beinahe so spannend wie ein Krimi. Und doch nahmen die Menschen lange Zeit an, dass Wüsten unverändert seit Beginn der Welt existiert hätten. Die Wüsten wurden als Teil der Schöpfung gesehen oder genauer: als Strafe Gottes für eine gefallene Menschheit. Die Juden mussten nach der Flucht aus Ägypten und dem Durchgang durchs Rote Meer vierzig Jahre lang durch die Wüste ziehen, bis sie ins Gelobte Land kamen. Die Wüste diente damals der Reinigung der Vertriebenen und der Erprobung der Treue der Büßenden zu Gott.

Die Sahara ist die größte Trockenwüste der Welt. Sie misst etwa neun Millionen Quadratkilometer; das heißt, sie ist fast so groß wie die gesamten USA oder 25-mal so groß wie Deutschland. Sie erstreckt sich von der afrikanischen Atlantikküste bis zur Küste des Roten Meeres und bildet annähernd ein Trapez von 4500 bis 5500 Kilometern westöstlicher und 1500 bis 2000 Kilometern nordsüdlicher Ausdehnung. Etwa 20 Prozent dieser Wüste bestehen aus Sand, der größte Teil ist eine Mischung von Fels, Schutt, Geröll und Kies. Diese Wüste ist keine Ebene, sondern voller Kontraste. Drei große Felszüge charakterisieren sie: Das Tibesti-Gebirge (Tschad) mit dem 3415 Meter hohen Gipfel Emi Koussi ist der höchste Punkt; der Berg Tahat im algerischen Gebirge Ahaggar liegt 3003 Meter über dem Meeresspiegel und das Aïr-Gebirge (Niger) mit Mont Gréboun

1944 Meter hoch. Die tiefsten Senken reichen bis zu 177 Meter unter den Meeresspiegel.

Heute wissen wir aufgrund von paläontologischen, archäologischen, geologischen und klimatologischen Forschungen, dass diese Wüste kam und ging, dass sie wuchs und wieder abnahm. Wüsten sind also nicht einfach vorhanden. Wüsten – so auch die Sahara – leben und sterben, entstehen und vergehen. Sie haben daher eine Geschichte; auch wenn das eine Geschichte mit langen und langsamen Perioden ist.

Seit dreitausend Jahren wusste das Abendland von der Wüste Sahara. Sie kommt sowohl in der griechischen als auch in der römischen Literatur vor. Die Sahara war der mysteriöseste Großraum der Erde. Die Schrecken der Wüste vor allem regten die Fantasie an. Um so faszinierender waren die Menschen, die durch diese Wüste zogen, Nord und Süd miteinander verbanden, Handel trieben und also von der Wüste lebten. Um die tapferen, oft vermummten Bervölker, vor allem die Tuareg, spannen sich viele Legenden und Spekulationen. Für Europäer war es noch im 19. Jahrhundert fast undenkbar, diese Wüste zu durchqueren. Einer der wenigen, die es versuchten, war der Deutsche Heinrich Barth, der ganz Nordafrika bereiste und nach 1855 ein fünfbändiges Werk über seine Reisen und Entdeckungen verfasste. Sein Wüstendurchquerungsversuch ist mit den Mondfahrten des 20. Jahrhunderts vergleichbar.

Die ersten Afrikaforscher wagten nicht daran zu denken, dass die Sahara Kulturgeschichte – etwa diejenige Ägyptens – hervorgebracht und beeinflusst hatte. Selbst nach dem Zweiten Weltkrieg noch wurde es als beinahe gotteslästerlich angesehen, als ganz wenige Wissenschaftler die These aufstellten, die alte ägyptische Landwirtschaft stamme aus dem Tschadseebecken im Westen Afrikas und schwarze Menschen hätten diese Agrarwirtschaft betrieben. Bilder auf Stelen deuteten darauf hin, dass die ägyptischen Hieroglyphen aus der früheren Sahara zu den Herrschern und Schriftgelehrten der Pharaonen kamen.

Als der senegalesische Wissenschaftler, Philosoph und Dichter Cheikh Anta Diop 1954 in Paris an einem Kongress afrikanischer Studenten behauptete, der Ursprung der ägyptischen Kultur liege im Westen, in Afrika, wo heute Wüste sei, und habe wenig mit dem Zweistromland im Osten zu tun, bezeichneten europäische und amerikanische Wissenschaftler dies als eine maßlose Übertreibung. Im Zusammenhang mit der literarischen Négritude-Bewegung rund um Léopold Sédar Senghor zwischen 1930 und 1960 und im Prozess der Entkolonialisierung war in Afrika ein neues Selbstbewusstsein mit viel Begeisterung und Übertreibungen entstanden. Das löste im Westen wohl eine Gegenbewegung aus: Jedenfalls hieß es unter nicht afrikanischen Gelehrten noch um 1950, dass Wüste unwandelbar Wüste sei und bleibe und dass anderslautende neoafrikanische Behauptungen mit Fata Morganas, den Halluzinationen, die in Wüsten entstehen, zu vergleichen seien.

Erst als angesichts der offensichtlicher werdenden Naturkatastrophen die Klimaforschung vorangetrieben wurde, begannen auch die Sahara, ihre ökologischen Bedingungen und ihre Geschichte zu interessieren. Sowohl geologische Proben als auch erste Satellitenaufnahmen lieferten Indizien dafür, dass die Sahara noch 10 000 bis 12 000 Jahre vor unserer Zeitrechnung mehr Wasser gehabt haben musste. Unter der Sahara wurden Seen und Flüsse entdeckt. Geologische Forschung offenbarte, dass das Gelände erst vor etwa 20 000 Jahren auszutrocknen begann. Dieser Vorgang wurde wissenschaftlich so erklärt: Als Folge der zyklischen Veränderung der astronomischen Parameter der Erdbahn und der daraus folgenden variablen Sonneneinstrahlung kam es zum Eintrocknen und zur langsamen Entstehung der heutigen Sahara.

Erst vor Kurzem stellte der Kölner Wissenschaftler Stefan Kröpelin, der sich auf Umwelt- und Klimaveränderung in Wüsten, besonders der östlichen Sahara, spezialisiert hat, diese Annahmen infrage. Er untersuchte zusammen mit seinem Expeditionsteam geologische Proben aus dem Yoa-See im Norden Tschads und stellte fest, dass die Wüste langsam und erst vor 5600 bis 2000 BP entstanden war. In der Sahara, schrieb er in der Fachzeitschrift *Science*, lebten einst Elefanten und Nashörner. Mit dieser Erkenntnis erhielten auch die Felsbilder der Region neue Deutungen und Glaubwürdigkeit; sie waren keine reinen Fantasieprodukte mehr, sondern von der Realität inspiriert.

Weitere Sedimente in der Gegend wurden wissenschaftlich untersucht. Alle Forscher kamen zur Überzeugung, dass eine kontinuierliche Abnahme der Niederschlagsmenge, also der Rückgang des Monsuns, den Prozess des Trockenerwerdens auslöste. Kröpelin redete von »schleichender Verwüstung«.

Im Mai 2008 veröffentlichte *Science* Forschungsresultate von Jonathan A. Holmes, der seit Jahren ebenfalls mit einem Team Sedimentsbohrungen in der Sahara im nördlichen Tschad gemacht hatte. Die Analyse all dieser Gesteinsproben ergab, dass erst um etwa 6000 Jahre vor unserer Zeitrechnung das letzte Grün in diesem Teil der Wüste verschwand. Holmes verglich seine Proben mit denen anderer Forscher, sei es aus dem libyschen Teil der Wüste, aus Mauretanien, Algerien, Niger oder gar aus dem Sudan. Alle Bohrungen zeigten einen kontinuierlichen Vorgang des Eintrocknens oder »eine schleichende Wüstenbildung«, und zwar in den letzten 16 600 Jahren. Die Wissenschaft folgert jetzt daraus, dass der Klimawechsel, respektive die klimatische Rückkoppelung der Vegetation, langsamer verlief, als bisher in verschiedenen Modellen angenommen wurde.

Die Sahara muss also allmählich, im Laufe von Jahrhunderten, in der heutigen Form entstanden sein. Sie trocknete langsam ein, wehrte sich zwischendurch sogar gegen das Sterben, und dennoch wurde sie zur Wüste. Warum? War jemand schuld daran?

Heute wehren sich viele Menschen gegen das tägliche Fortschreiten der Sahara. Beginnt die Wüste die Menschen in ihre Geschichte einzubeziehen? Wenn wir die Sahara ökologisch verstehen und bewirtschaften wollen, müssen wir erst lernen, die Wüste als ein Geschichtsbuch zu sehen. Die Sahara war einst ein Ökoton zwischen Nord und Süd, zwischen der iberischen Halbinsel und der afrikanischen Steppe. Sind die Felsmalereien von Südfrankreich bis nach Südafrika in der Sahara zu einem Schlüsselpunkt geworden? Können Zeichen in der Wüste Hinweise auf Migrationsflüsse liefern und Erklärungen abgeben zu diesem Ort, wo Kulturen sich kreuzten und austauschten?

Ursprung in Äthiopien

Als nach dem Zweiten Weltkrieg die Ursprungsdebatte um den Anfang der Landwirtschaft begann, traten bald drei Weltgegenden ins Zentrum der Diskussion. An erster Stelle stand, bedingt durch den Einfluss der französischen Ethnobiologen, die Sahelzone südlich der Sahara und im Flussgebiet von Niger und Senegal. Als zweite Region wurde Mexiko genannt; mexikanischer Mais, hieß es, sei mindestens 18 000 Jahre alt, doch wurde diese Aussage oft in den Bereich der Esoterik abgeschoben. Erst an dritter Stelle folgte Äthiopien, das schon durch den Russen Wawilow ins Zentrum der Ursprungsdebatte geschoben worden war, wie wir im ersten Kapitel dieses Buches gesehen haben. Äthiopien hatte aber letztlich doch bloß »zweitrangige Produkte« gezüchtet, Ensete und Tef zum Beispiel waren im europäischen Raum unbekannt und wurden als unbedeutend eingeschätzt – allenfalls ein auf der Strecke gebliebener agrikultureller Anfang.

Bei der Suche nach dem Ursprung der Kultivation und Domestizierung von Pflanzen und Tieren gab es immer schon wissenschaftliche Ablenkungen oder Irrwege. Die britischen Forscher zum Beispiel wichen in ihren Theorien gerne auf Indien aus und brachten mithilfe des Eroberers Alexander des Großen das Zweistromland in Zusammenhang mit dem indischen Flussnetz am Himalaja. Der englische Zuchtpflanzenexperte Norman W. Simmonds neigt noch 1976, in seinem Handbuch *Evolution of Crop Plants* (Die Evolution von Nutzpflanzen), dazu, den Ursprung der Hirse eher in Indien statt in Afrika zu suchen. Bei ihm spielt noch immer die Verbindung von Indien über Saudiarabien und – vielleicht doch über Äthiopien – nach dem Sudan eine Rolle.

Eine weitere Einschränkung der Perspektive war, dass bei den westlichen Menschen, ob Theologen oder Botaniker, Weizen und Pflug stets eine zentrale Rolle einnahmen: Sie markierten sozusagen den Anfang der Landwirtschaft. Alles andere – und alles vorher – galt als bloß zweitrangig, unwichtig und nebensächlich.

Man darf auch nicht vergessen, dass bis in die 1950er-Jahre eine breite Zeitdimension fehlte. Man bewegte sich ideologisch in engstem Rahmen. Da man die Bibel und ihren Schöpfungsmythos wörtlich nahm, musste die ganze Erdgeschichte innerhalb von 8000 Jahren Platz haben und an bestimmten Orten (Mesopotamien, heilige Flüsse) stattfinden. Auch die Wissenschaft war von diesen zeitgeschichtlichen Vorgaben beeinflusst.

Nach dem Zweiten Weltkrieg wurde zwar der zeitliche Horizont erweitert, doch gleichzeitig verengte sich die inhaltliche Breite. Die gesamte Agrarwissenschaft wurde nun auf Fortschritt, Wachstum, Produktionssteigerung und Märkte ausgerichtet. In den Handbüchern und Berichten der FAO (Food and Agriculture Organization of the United Nations) und der Weltbank hatten Subsistenzprodukte wie Ensete oder Tef natürlich keinen Platz. Erst im Weltbankbericht 2000 wird Tef kurz als »ein Produkt ohne jeglichen Exportwert« genannt. Das große achtbändige Handbuch über Landwirtschaft aus dem Dietz-Verlag, das in den meisten Agronomiefakultäten von deutschsprachigen Universitäten in der Handbibliothek steht, erwähnt weder Tef noch Ensete. Hätte man im Rausch des Fortschritts und der Agrarforschung nicht auf diese alten Züchtungen hinweisen müssen, um zumindest Anstoß zur Weiterzüchtung zu geben?

(Genau das hat übrigens die damalige Ciba-Geigy-Stiftung in Mali mit Hirse getan. Dabei hatten Wissenschaft wie Wirtschaft noch 1965 erklärt, dass sich Hirse nicht für eine grüne Revolution eigne. Doch es war möglich, nämlich dann, als die Forschung den Zeitgeist überwand.)

Am Beispiel Äthiopien wird auch klar, wie Religionen ein Agrarsystem beeinflussen und mitgestalten können. Die äthiopischen Züchtungen fanden auf der Höhe, in den Bergen, bei den orthodoxen Mönchen und um ihre Klöster statt. Der Islam, unten in der Ebene oder auf dem ariden und semiariden Plateau, war nie groß an Pflanzenzüchtung und Landwirtschaft interessiert.

Nicht die Agrarwissenschaftler beschäftigten sich vorab mit Äthiopien, sondern die Paläontologen, die auf der Suche nach dem Homo sapiens und seinem Stammbaum waren. Nicht ursprüngliche Pflanzen, sondern der Urmensch wurde gesucht. Und man hatte einigen Erfolg: 2003 fand ein Team der University of California in der Gegend von Herto, mitten im Awash-Gebiet, zwei Schädel und das Skelett eines Kindes, deren Alter man mittels Isotop-Methode auf 160 000 Jahre schätzte. Man erfand für diese spektakulären Funde eigens eine anthropologische Unterkategorie und nannte sie Homo sapiens idaltu.

Diese paläontologischen Funde erregten in der lokalen Bevölkerung nicht viel Aufsehen. Die Forschung der Botaniker und Biologen hingegen stieß auf harsche Ablehnung. Es hieß: »Die Pflanzensucher kommen, um uns den Beginn der Welt zu stehlen.« Nicht der Homo sapiens idaltu stand für diese Menschen also am Anfang, sondern das, was dieser Mensch pflanzte, erntete und aß.

Als die schwarzen Juden Äthiopiens, oft generell Falaschen genannt, 1991 von der El Al »endlich« nach Israel ausgeflogen wurden, atmete die stolze und gegenüber diesen Schwarzen etwas negativ eingestellte äthiopische Oberschicht, die Amharen-Tigrinianer, auf:

Endlich waren die Falaschen da, wo sie hingehörten. Dabei wussten Forscher aller Bereiche viel zu wenig über die Ursprünge dieses Volkes, geschweige denn hatte man einen Zusammenhang mit der Agrargeschichte hergestellt. Dabei lässt sich durchaus eine Verbindung zu den Juden in Ägypten herstellen. Bekanntlich wurde dort die Landwirtschaft von Schwarzen betrieben, und es ist auch sehr wahrscheinlich, dass dortige Juden schwarze Sklaven hielten. Wie überall in Slavenhaltergesellschaften schafften einige Sklaven den gesellschaftlichen Aufstieg, sie wurden in die Gemeinschaft der (jüdischen) Freien aufgenommen oder heirateten da ein. Beim Exodus zogen diese schwarzen Juden nicht mit; sie setzten sich sehr wahrscheinlich auf die Höhen Äthiopiens, einen anderen Berg Zion, ab.

Lange Zeit nahmen westliche Forscher (auch der bereits erwähnte Pflanzenforscher Simmonds) Einflüsse von Saba oder Saudiarabien auf Äthiopien an. Da jedoch diese Zinne so isoliert ist, hat diese Annahme heute keine wissenschaftlichen Anhänger mehr; sie spielt jedoch in esoterischen Kreisen weiterhin eine Rolle. Neuere äthiopische Agrarforscher von der Universität von Addis Abeba, die nun selbst sehr aktiv werden, konnten keinen einzigen auch nur wahrscheinlichen Einfluss aus Saudiarabien feststellen.

Die kurze Zusammenfassung all dieser Irrwege ist: Die Wissenschaft wollte ganz einfach Wawilows afrikazentrische Funde und Hypothesen nicht beachten. Inzwischen sind jedoch andere Wissenschaftler nachgefolgt. Darunter etwa Carl O. Sauer – er war 1952 der Erste, der Wawilow, in seinem Buch *Agricultural Origins and Dispersals* (Die Entstehung und Ausbreitung von Landwirtschaft), positiv aufnahm – und ganz besonders Steven A. Brandt, der Weltspezialist für die Archäologie Äthiopiens und Somalias. Brandt hat 1984 mit seiner viel beachteten Publikation *New Perspectives on the Origins of Food Production in Ethiopia* (Ein neuer Blick auf die Nahrungsproduktion Äthiopiens) den Weg frei gemacht für eine Forschung mit ganz frischen und anderen Grundlagen und Hypothesen als ein John Desmond Clark, der immer noch fundamental dem Jäger-Sammler-Klischee anhängt.

Wir erinnern uns: Wawilow ging davon aus, dass auf äthiopischem Gelände bis zu sechs Pflanzen gezüchtet wurden. Die frühe Existenz von Tef, Ensete, Qat und Okra ist heute wissenschaftlich gesichert. Was Wawilow sehr beschäftigte, war die Vielfalt. Warum wurden auf diesem Hochplateau so viele Kultivierungen vorgenommen? Und warum waren es so unscheinbare und bescheidene Pflanzen, die da gepflegt und gezüchtet wurden?

Die ethnologische Forschung der letzten Jahre hat sehr viele schamanistische Spuren ausgemacht. Es war nicht einfach die orthodoxe Kirche, die bei den Bauern einzigartig und allmächtig war. Daneben, manchmal versteckt, gab es Schamanen, die behaupteten, dass sie Pflanzen verändern und Menschen an Pflanzen anpassen könnten. Solche Aussagen haben Dokumentarfilmer von BBC und ARD 2004 festgehalten. Auch in Klöstern befanden sich stets Mönche mit dieser schamanistischen Tradition. Weiten wir diesen Sachverhalt aus, dann sehen wir, dass Mönche sowohl in Europa (man denke an den Augustinermönch Johann Gregor Mendel, 1822–1884) als auch in Asien (buddhistische Klöster) immer führend im Züchten von Nutzpflanzen waren. Der Klostergarten ist überall auf der ganzen Welt ein Ursprung und Versuchslabor von Agrikultur.

Ensete, Tef, Qat und Okra

Die Ensete *(Ensete ventricosum)* wurde ausschließlich in Äthiopien gezüchtet. Sie wurde nicht – wie andernorts die botanisch verwandte Bananenpflanze – im Hinblick auf ihre Frucht gezüchtet, sondern als Gemüse. Man nimmt an, dass solches Vorgehen einen klaren Zusammenhang mit der Mönchskultur hat. Erstaunlich ist bloß, dass der Wildling von Ensete bis heute noch nicht gefunden worden ist. Ensete gibt viele Rätsel auf, denn die eigentliche Bananenzüchtung begann auf Madagaskar oder vielleicht schon in Indonesien. Die Chromosomenstruktur von Ensete (2n = 2x = 18) deutet sogar auf die Existenz von zwei Wildlingen hin.

Bei Tef (*Eragrostis tef*; auch Teff geschrieben) wird es bereits emotional. Hugh Doggett, der Fachmann für alle (afrikanischen) Kulturpflanzen, behauptet fast dogmatisch, dass Tef keinen afrikanischen Ursprung habe. Doggett nimmt einen kuschitischen respektive jemenitisch-arabischen Beginn an; er geht nicht einmal auf die Möglichkeit einer äthiopischen Kreation ein. Doch wie kann dieses Getreide in einem relativ abgeschlossenen Land Injera werden, das seit Jahrhunderten in Äthiopien bekannte Brot, wenn es keinen lokalen Ursprung aufweist? Die äthiopischen Mönche mussten doch, christlicher Tradition folgend, einen Ersatzweizen züchten, denn gemäß Bibel muss Weizen bei der Eucharistie, also in der sakralen Nahrung, sein.

Im Gegensatz zu den Briten und Franzosen waren sich Wawilow und noch mehr seine Schüler und Nachfolger sicher: Weder von Ensete noch von Tef waren im asiatischen Bereich Wildlinge zu finden. Tefs wilder Vorfahre findet sich in den äthiopischen Bergen.

Qat, auch als Kathstrauch bekannt, wurde von alters her in Äthiopien kultiviert. Es ist eine stimulierende Alltagsdroge oder ein Rauschmittel; etwas Anstoß zu Mystik ist den Mönchen stets zuzutrauen.

Um den Ursprung von Okra entbrannte zwischen Indien und Afrika ein heftiger Streit. Sowohl für Wawilow als auch für Murdock galt der äthiopische Ursprung als gesichert. Doch in Indien, wo sich gleich mehrere Forscher mit Okra beschäftigten, wurde auch ein indischer Ursprung postuliert. Dazu ist zu sagen, dass Okra mit so verschiedenen Chromosomensätzen gefunden wurde, dass es möglicherweise an verschieden Orten gleichzeitig kultiviert worden ist. Äthiopien ist bestimmt ein Ursprungsort, aber vielleicht nur einer unter anderen.

Hin zum Nil

Eine unter Forscherinnen und Forschern beliebte afrikanische Gegend ist das Zwischenseengebiet, also die Landschaft, die von den Seen Victoria, Edward, Albert und Kyoga begrenzt wird. Bereits die alten Ägypter stellten fest, dass alle diese Gewässer einen Bezug zum Nil haben. Diese Landschaft scheint – wie Äthiopien – ein uraltes Mysterium zu sein. Aus ihrem Untergrund nahm – gespeist von diesen Seen – der Nil seinen Anfang. Die Hochebene wird *interlacustrine Africa,* das Zwischenseenafrika, genannt.

Schon die ägyptischen Pharaonen hatten Forscher ausgeschickt, um die Quellen des Nils auf diesem Plateau zu suchen. Diese Suche entwickelte sich dann im 19. Jahrhundert zum Forschungswettrennen zwischen Franzosen und Engländern – vergleichbar dem späteren Rennen der Russen und Amerikaner zum Mond.

Das Plateau ist für jeden afrikanischen Agrarhistoriker von größtem Interesse, weil in diesem Raum Bantu und Luo zusammenstießen und damit Pastoralisten und Hackbauern aufeinandertrafen. Wie haben sie sich ertragen und wie sich vermischt? Ist die Verschmelzung bis heute nicht gelungen? Sind sich die zwei Systeme bis heute feindlich gesinnt? Liegt hier der Grund zum Hass zwischen Hutu und Tutsi in Ruanda-Burundi?

Ganz unsensationell hat ein kanadisches Forschungsteam in dieser spannungsreichen Region interdisziplinär gearbeitet. Als

Folge davon wurden die von Professor James B. Webster zu einem Buch zusammengestellten Dalhousie-Afrikastudien herausgegeben. Der Agrarhistoriker kann mit etwas Wehmut feststellen, dass in Websters Team kein einziger Agrarhistoriker war. Webster selbst sagte 1981 in einem Gespräch, dass er diese Tatsache bedauere, aber dass es »im ganzen angelsächsischen Gebiet praktisch nur Agrarsoziologen, jedoch keine Agrarhistoriker« gebe. In den 1970er-Jahren setzte die historische Nahrungsmittelforschung in der Archäologie erst zaghaft ein. Zuvor war es nicht möglich gewesen, Gene oder DNA-Reste aus dem menschlichen und tierischen Kot von einst herauszulösen und zu analysieren.

Im Team, das Webster koordinierte, befanden sich zehn Wissenschaftlerinnen und Wissenschaftler, die meisten aus dem geschichtlichen Bereich, einige Afrikaner, und alle mit Afrikaerfahrung. Ralph S. Herring etwa war ein bekannter Luo-Spezialist und hatte viel Erfahrung im Umgang mit oraler Tradition; in dieser Studie arbeitete er überdies als Hydrologe. Bereits mit der Gegend gut bekannt waren Jim Freedman, mit Ruanda-Erfahrung, und John Lamphear, Forscher im nördlichen Uganda und Kenia. Schließlich nahm auch John Weatherby, der Erforscher der Bergvölker von Mt. Elegon und der Sor im südlichen Karamojagebiet, am Projekt teil.

Ein zentrales Ergebnis der Dalhousie-Studie besagt: Die Geschichte dieser Gegend war seit Langem geprägt von immer wieder auftretenden Hungersnöten in der Luo-Nachbarschaft im Norden. Das hatte zur Folge, dass Menschen in das Zwischenseegebiet migrierten, sich hier ansiedelten oder angesiedelt wurden. Sowohl die Hydrologieforschung als auch die Sammlung der oralen Traditionen brachten Dürren und Hungersnöte in den letzten 1000 Jahren an den Tag. Dürren und Hunger sind also im südlichen Sudan oder im nördlichen Kenia und Uganda nicht erst eine moderne Erscheinung.

Ganz neu war die Korrelation zwischen Wasserstandsmessungen des Nils und den in der oralen Tradition erwähnten Dürren. In Rodah, in der Nähe von Kairo, misst man seit dem 1. Jahrhundert BC den Wasserstand und hält ihn schriftlich fest. Herring nahm die Daten des Rodah-Nilometers und verglich sie mit traditionellen Geschichten und sogar mit Genealogien, die über Dürren und Hungersnöte in Uganda und Nordruanda berichten. Herring ließ sich nicht durch den Messwechsel im Jahr 1522 (bedingt durch eine neue Datierung im Abendland und gleichzeitig die Einführung einer neuen Messeinheit) unter den ottomanischen Türken beirren. Auch das Faktum, dass aus dem Zwischenseengebiet nur ein Nilarm fließt, nämlich der Weiße Nil, und dass der Blaue Nil aus Äthiopien kommt, musste einbezogen werden. Alles wurde berücksichtigt, und Erstaunliches wurde aus der engen Zusammenarbeit von exakter Wissenschaft und historischer Forschung gewonnen.

Viele Rätsel hatte zu Beginn der Forschung die lange Periode zwischen 1587 und 1623, die als »sehr tiefer Wasserstand« in die Geschichte einging, aufgegeben; die mündliche Tradition sprach nun gerade in dieser Zeit viel von Trockenheit und von Klimawandel. Herring konnte zusammen mit seinem Team abschließend feststellen: »Das Resultat lautet, dass es definitiv einen Zusammenhang zwischen dem Wasserstand der Seen und den Regenjahren … und dem später folgenden Wasserstand des Nils gibt.«

Bestimmte Dorfälteste oder auch Griots, die von Websters Team befragt wurden, vermochten Stammbäume anhand von Ereignissen bis über 1000 Jahre zurückzuverfolgen. Es wurde auch festgestellt, dass diese Erinnerungsfähigkeit durch Schrift und Schule systematisch schwindet. Diese mündlichen Genealogien bestehen nicht aus Namen im westlichen Sinn, sondern verwenden Bezüge, die meist ein Ereignis festhalten, etwa »Der schon bei der Geburt wegen der großen Knappheit kaum überlebte«. Leicht zu verstehen und zu deuten sind manche Angaben nicht; man muss schon ganz tief in die Tradition eingetaucht sein, um folgende Bezeichnung interpretieren zu können: »Zu der Zeit, als Enyonza-Beeren als Brautpreis bezahlt wurden.«

Die Dalhousie-Studie hat die vielen Forschungen auf dem Gebiet der Bantu-Chronologie nicht nur bestätigt, sondern auch erweitert und ihnen neue Dimensionen hinzugefügt. Die wissenschaftlichen Teilnehmer (u. a. Vansina, Kamuhangire, Karugire, Kiwanuka, Oliver und Cohen) haben ihre Forschung aber leider zu wenig in einem größeren Kontext gestellt und zur Deutung agrikultureller Lebensfragen benutzt. Mit der Zeit müssten Forscher auch den Mut zur Interpretation entwickeln, denn bloß Namen festhalten ist nicht mehr als Scherben aufschichten, zählen, nummerieren und registrieren.

Die herbeigeschafften Fakten könnten nämlich auch so gedeutet werden: Wären die verschiedenen Luo-Völker im Norden Ugandas und Kenias und im heutigen Südsudan nicht so kinderreich gewesen, hätten sie bei hereinbrechender Not sich nicht abtrennen und wegziehen müssen. Es kann also behauptet werden, dass Bevölkerungsdichte und Migration viel mit Klima zu tun haben.

Die Überpopulation darf aber nicht nur in Bezug auf menschliche Reproduktion gesehen werden; vielleicht hatten diese Kleinvölker zu viel Vieh – sei es aus Prestige oder für Brautpreise oder zur vermeintlichen Absicherung. Die vermeintliche Sicherheit kippte ins Gegenteil, sobald man eine gewisse Balance verließ. Wenn es zu viele Tiere gab und Trockenheit eintrat, schwand das nutzbare Land, und Hunger trat ein. Die Studie stieß also wie nebenbei auf die Grenzen des Pastoralsystems.

Matobo – Hügel und Höhlen

Als der Brite Cecil Rhodes 1888 auf der höchsten Erhebung im Matopos-Gelände bei klarer Luft nach Norden blickte, rief er, dass er das Land vom Kap bis Kairo unter das britische Königtum stellen werde.

Als hundert Jahre zuvor die Führer der Matabele nach der Abspaltung vom Staatengründer und obersten Militärführer Chaka auf ihrer Flucht aus dem Zululand hier ankamen, fühlten auch sie sich wohl, und so beschlossen sie unter Mzilikazi, im Schatten von Matopos, was Glatzkopf bedeutet, ihre Hauptstadt Bulawajo zu gründen. In ihrem Rücken, 20 Kilometer nördlich von Matopos, bot der Sitz der Ahnen und Geister ihnen Schutz. So entwickelten sich die Matabele neben den Mashona, dem zweiten und größeren Volk in Rhodesien und im heutigen Simbabwe.

Das Granit- und Höhlengebiet von Matobo, wie das unabhängige Simbabwe das Matopos-Gebiet neu buchstabiert, ist voller Faszination. Der bekannte Historiker Terence Ranger gab seinem Buch über die Gegend den Titel *Voices From the Rocks* – Stimmen aus dem Fels. Andere Weiße – stark vom Nationalsozialismus beeinflusst – nannten den geheimnisvollen Ort gar »die afrikanische Walhalla«.

Die etwa 3100 Quadratkilometer umfassende Matobo-Gegend strahlt etwas Magisches aus, das fesselt und bestrickt, beruhigt und ein Glücksgefühl vermittelt. Das bestätigen viele Besucherinnen und Besucher. Hier befindet der Mensch sich an einem Kraftort. Und so muss es seit Urzeiten gewesen sein. Von diesem Ort wurden Menschen angezogen, und sie wählten sich ihn zum Bleiben aus; hier lebten nicht Vertriebene, wie etwa westliche Historiker lange Zeit glaubten. Archäologische Spuren verraten, dass rund um die Matobo-Hügel seit 30 000 Jahren Menschen gelebt haben, hier gibt es auch die reichhaltigsten und faszinierendsten Höhlenzeichnungen Afrikas. Wir befinden uns also nicht nur in einem spannenden Ökotop, sondern auch an einer Stätte voller Dokumente, einer Bibliothek, deren Bestände in Höhlen und unter Vorständen aufbewahrt sind.

Simbabwe/Rhodesien ist als Ganzes ein Granitparadies; nirgends gibt es so viele Granitblöcke, die stolz in freier Natur stehen wie Kathedralen oder gigantische Steinmetzarbeiten. Hier findet man Granitblöcke wie spielerisch aufeinandergehoben, in waghalsigen Balanceakten aufgetürmt. Das Feld wirkt beinahe erotisch. Sehr oft gibt es im Umfeld dieser Skopjes, wie die Granitblöcke hier heißen, bemalte Höhlen. Die Bedeutung der Siedlungsgegenden ist bis heute nicht erforscht, weil man zu lange einerseits mythischen und andererseits absurden Fährten folgte, aber auch weil man bloß das Bild und nicht seinen Kontext sah. Viele Europäer, vom gewöhnlichen Bauern bis zum Forscher, sahen die Matobo-Region bloß als imperialistisches oder kolonialistisches Unternehmen ihres eigenen Vaterlandes. Viele Felseinritzungen und -malereien wurden im Verlauf der Geschichte sogar mutwillig zerstört, als ob man die Vergangenheit durch Zerstörung aus den Höhlen treiben könnte.

Das Granitgestein von Matobo geht Millionen und Millionen Jahre zurück. Die ersten der ausgegrabenen Relikte reichen ins Mittlere Pleistozän, also etwa auf 700 000 bis 125 000 Jahre, zurück. Früheste Datierungen menschlicher Spuren gehen auf etwas über 30 000

Jahre zurück. Wer waren diese Menschen? Die Ethnologie meint, die Khoisan seien erst etwa vor 12 000 BP in den südafrikanischen Raum getreten. Nick J. Walker, der beste Kenner der Materie, nennt deshalb die einstige Bevölkerung ausweichend *bush folk*. Vielleicht vertrieben Bantu, die aus dem Westen von Angola hier einwanderten, die Khoisan und stießen sie in die Kalahari. Vielleicht war es eine besondere Gruppe der San, denn die Khoi liebten die Wüste.

In der ganzen Gegend gibt es über 2000 Höhlen oder Überhänge. 79 solcher Höhlen und ihre Zeichnungen gelten gegenwärtig als wissenschaftlich interessant. Gemalt wurde im Allgemeinen mit Ockerfarbe. Was ebenfalls wichtig zu wissen ist: Die Malereien sind verschieden von denen weiter nördlich. Sie unterscheiden sich sowohl von den Zeichnungen in Sambia wie auch von denen in Botswana, aber sie sind sehr ähnlich im Stil wie die Zeichnungen in Namibia.

Matobo ist eine der großen Wasserscheiden im südlichen Afrika; drei Flüsschen fließen von hier weg und münden alle im Thuli. Die vielen kleinen Mtshelele-, Maleme- und Mpopoma-Flusstäler sind wie ein Stirnrunzeln. Von hier geht es hinab ins Lowveld. Der höchste Punkt von Matobo mit dem Namen Gulati liegt 1549 Meter über Meer. Das Wasser der Flüsse tröpfelt auch in viele Höhlen hinein; umso mehr erstaunt es, dass die Malereien relativ gut erhalten blieben.

Der heutige Spezialist für Matobo ist Nick Walker, der 1995 in Uppsala seine Doktorthese veröffentlichte. Seine Herkunft ist kein Zufall. Denn diese Gegend rund um Bulawajo war ein traditionsreiches Missionsgebiet der schwedischen Lutheraner. Walker versucht immer wieder – und jedes Mal einen kleinen Schritt weiter –, etwas Geschichte zu rekonstruieren. Er geht von der Faszination des Granits aus und bezeichnet daher die einstigen Menschen hier als *lithocentric* (am Stein orientiert). Vielleicht hilft diese Feststellung etwas zur Klärung der afrikanischen Steinzeit.

Immer wieder dokumentiert Walker auch, was Menschen im Matobo gegessen haben könnten, und er kommt auf 42 verschiedene essbare (meist wilde) Früchte. Er stellt fest, dass mit einigen Früchten »experimentiert« wurde. In der Gegend dominant ist der Marula-Baum *(Sclerocarya birra)*. Man wüsste von ihm gerne mehr über die Bedeutung dieses Baums (mehr dazu im Kapitel »Pflanzen und Tiere«).

Die Zerealien des Matobo bleiben ebenfalls ein Rätsel; es gibt Spuren von einem Brei aus Samen wilder Gräser. Walker glaubt, eine Entwicklung oder Veränderung dieses Porridge im Laufe der Zeit zu sehen. Als Nahrung kamen Wurzeln, eine Form kleiner »Kartoffeln« *(mini tubers)* und wohl auch Termiten infrage. Vergessen wird meist der Kürbis; der Europäer sieht ihn als Material für Instrumente oder als Schale. Es erstaunt mich, dass keine Kürbiskern-Analyse betrieben wird; doch man hat bis vor Kurzem Kerne nicht beachtet.

Was erstaunt: Knochen von Wildbret sind in den archäologischen Überresten kaum zu finden. Dazu ein Hinweis: Auf 2809 Bildern in der Ndedema-Schlucht gibt es bloß 29 Jagdszenen.

Ingesamt kommt Walker als sehr vorsichtiger Wissenschaftler selten über die Beschreibung hinaus; zudem fehlt ihm das Wissen über afrikanische Agrargeschichte. Man spürt, dass er die massiven Vorurteile bezüglich des südlichen Afrika noch nicht ganz hinter sich lassen kann. Doch man kann es auch positiv sehen: Mit Walker setzt eine neue Form der Forschung ein. Eine Forschung, die nicht nur zählt, beschreibt, registriert, ausmisst und Zahlen und Statistiken präsentiert. Walker beginnt, Bezüge herzustellen, und wagt, Ökologie auch als eine Manifestation des Menschen zu sehen.

Mehr und mehr ahnen Forscher, dass das Gebiet rund um die Matobo-Berge oder -Hügel zu einem zentralen Ort des Aufeinandertreffens verschiedenster Völker und Kulturen geworden ist. Zu diesen Forschern gehört auch Peter Garlake mit dem Buch *The Painted Caves* (Die bemalten Höhlen) von 1987. Die Bewohner des Matobo scheinen alle auf Migration zu sein – entweder treiben sie Handel zwischen dem Meer und der Kalahari, oder sie stoßen auf der Suche nach besseren Lebensbedingungen ins südliche Afrika vor. Es geht daher nicht um die Suche nach einer einzigen Einheitskultur, sondern ums Nacheinander, um Übergänge. Zu dieser Übergangs- und Überlebenskultur gehört selbstverständlich die Form ihrer Landwirtschaft. Erste Resultate weisen darauf hin, dass die Begrifflichkeit von Jägern und Sammlern auf diese Gegend nicht zutrifft.

Natürlich waren die Hügel, Höhlen und Täler von Matobo stets etwas geheimnisvoll. Aber es waren auch historisch ganz besondere Plätze. Hier lebten oder von hier kamen die meisten Widerstandskämpfer gegen den Kolonialismus. Die Allergrößte und Geheimnisvollste unter ihnen war eine Frau. Mbuya Nehanda hieß sie, und sie führte mutig und listig den Widerstand der Schwarzen gegen die weißen Siedler an, bis sie 1898 getötet wurde. In Matobo holten sich auch die Widerstandskämpfer der 1960er-Jahre Rat, Inspiration und Mut. Hier hielten sich die Seelen der Helden auf, nicht bloß Kolonialisten wie Cecil Rhodes. Und das hat ganz realistisch etwas mit der Geschichte der Landwirtschaft zu tun. Ohne Esoterik und Schamanentum, ohne starke Frauen und N'ganga (*witch doctors*) gibt es kaum Züchtungen; denn jede Kultivation ist ein Durchbrechen von Tabus der Reinheit und Unveränderlichkeit.

Bergkuppen mit Zukunft

Auf dem Tafelberg bei Kapstadt, Südafrika, haben Archäologen uraltes Saatgut entdeckt und konnten dafür keine Erklärung finden. Warum sollte man auf dem Tafelberg, wo ein fruchtbares Mikroklima herrscht, Saatgut in Reserve halten? Keine der südafrikanischen Studien zum Tafelberg geht auf die agrikulturelle Bedeutung dieses eindrucksvollen Bergs ein. Erste Hinweise könnten von einer malischen Studie kommen.

Vor Kurzem wurde im Dogonland, Mali, auf kleinen Tafelbergen etwas außerhalb der im Kapitel »Stammesgeschichten« beschriebenen Ausgrabungen von Ounjougou, uraltes Hirsesaatgut gefunden. Heute lebt niemand mehr auf den Bergkuppen. Doch am Fuß des Berges gibt es die Dörfer Tega, Tabi, Sariegner und Toupere; alle vier liegen in der Gemeinde Haire im Cercle de Douentza, 175 Kilometer nordöstlich von Mopti. Die Ältesten können sich noch daran erinnern, dass früher einmal auf den Steinbergen der Gegend, denen mit einem Tafeldach, Saatgut gezüchtet, hergestellt und aufbewahrt wurde. Heute werden die sonderbaren Granitberge in dieser Gegend von Haire nicht mehr genutzt, denn es wäre viel zu mühsam, dort oben zu leben oder auch nur hochzusteigen. Doch wieso haben die Leute früher diese Mühsal auf sich genommen?

Eine mögliche Antwort begann sich abzuzeichnen, als die Forscher nach der großen Heuschreckenkatastrophe und nachfolgenden Dürre im Jahr 2004 zu fragen begannen, was die Leute denn früher gegen diese gnadenlosen und wilden Fresser getan hätten. Heuschrecken muss es schließlich schon lange gegeben haben.

Unter der Leitung von Louise Sperling und mithilfe der Schweizer Agrarforscherin Erika Styger kam eine große Umfrage in der Douentza-Gegend zustande, die vom CRS (Catholic Relief Service) unterstützt und von der Gates Foundation finanziert wurde. Etwa 20 lokale Wissenschaftler arbeiteten an diesem Forschungsprojekt mit. Die meisten von ihnen beherrschten Lokalsprachen. Die umfangreiche Studie erschien 2006 unter dem Titel *Seed System Security Assessment, Douentza, Northern Mali* (Eine Beurteilung der Sicherheit des Saatgutsystems in Douentza, Nordmali).

Es stellte sich heraus, dass in der Bevölkerung noch viel altes Wissen abrufbar war. Etwa wenn eine alte Frau sich erinnerte, von der Großmutter erzählt gehört zu haben, dass es einmal auf diesen mysteriösen Tafelbergen Bauern gab, die Hirsesaatgut züchteten und es dort aufbewahrten, weil es dort sicher war. Dorthin waren die Heuschrecken nie gekommen. Die meisten Erinnerungen rankten sich um die Perlhirse oder Pennisetum.

Es kam an den Tag, dass diese vier Dörfer noch heute die vier »Hirsezentren« der Gegend sind und Saatgut für ein weites Einzugsgebiet züchten. Sie sind berühmt für die Qualität ihrer Perlhirse; das Saatgut ist optimal angepasst an die drei zentralen Gegebenheiten: karge bis armselige Bodenbeschaffenheit, trockenes bis arides Klima und verkürzte und frühere Reifezeiten. In den trockenen Gebieten von Mali kommt nur die Saat aus den vier Dörfern zum Tragen. In diesen Dörfern lebten die Hirsesaatmeister. Ein Saatgut, das unter diesen Bedingungen überlebt, muss das Produkt langer und alter Tradition sein. Heute findet die Hirsesaatgutproduktion nicht mehr auf dem Bergplateau, sondern am Fuße des Berges, näher beim Dorf statt. Doch als die Züchter von den Bergen stiegen, nahmen sie ihr Wissen und ihre Kunst mit in die Dörfer.

Es gibt südlich der Sahara zahlreiche spezialisierte Zuchtorte, die für eine relativ kleine Gegend ein an das jeweilige Mikrobiotop angepasstes, widerstandsfähiges Saatgut herstellen. Saatgutherstellung scheint südlich der Sahara stets eine lokale, meist an die Ethnie gebundene Produktion gewesen zu sein. Man dachte kleinräumig und handelte dementsprechend. Auch so war es schwierig, dauernd eine noch bessere Anpassung an Boden, Regen, Trockenheit, Wind und Temperaturen zu finden. Die sahelische Perlhirse ist einzigartig; häufiger als jedes andere Getreide, nämlich mindestens 3000-mal, wurde sie nach Schätzungen der Agrarforscherin Almut Hahn immer wieder neu oder anders angepasst.

Erhöhte Orte spielten offenbar bei der Saatgutherstellung eine zentrale Rolle, denn erstens war das Züchten etwas Sakrales, also »Höheres«, und zweitens musste das Saatgut vor Feinden und Konkurrenten beschützt werden. Zu diesen Feinden gehörten nicht nur Menschen, sondern auch Schädlinge, zum Beispiel die erwähnten Heuschrecken.

Im Dogonland hat man nun also aufklärende Befunde über die Vergangenheit erhalten und wichtige Hinweise auf die Zukunft gefunden. Die CRS-Studie zeigt auf, dass als Saatguthilfe nicht einfach überall die gleiche Perlhirse abgegeben werden kann. Selbst eine standardisierte verbesserte Züchtung kann nicht landesweit Geltung haben. Die lokal gezüchtete Sorte hat absoluten Vorrang.

Die Frage war: Wie konnte einer Gegend geholfen werden, die ihr Saatgut bereits verloren hat? Die Testversuche zeigten, dass eine für aride oder semiaride Böden gezüchtete Sorte auch in eine feuchtere Gegend übertragen werden konnte, jedoch niemals umgekehrt.

Im Umkreis der Perlhirse wurden auch Gemüsesorten (Okra oder Gombo), Bohnen *(cowpea)*, Sesam, Erdnüsse und anderes mehr getestet. Die Versuche zeigten, dass diese Nutzpflanzen alle mehr Toleranz bezüglich ihres Mikroklimas hatten als die für die Sahelzone typische Perlhirse: Diese Agrarprodukte mussten daher nicht auf den Höhen kultiviert werden, denn sie wachsen auch an andern Orten, sie sind nicht so diffizil und weniger spezialisiert.

Die Studie zeigte ebenfalls, wie viele verschiedene Agroökologien, Ökotope oder Ökotone die Sahelzone aufweist. Die Böden reichen von allen Variationen des Sands bis sauer oder ausgelaugt mit oft nur geringer Humusmenge, die Vegetation ist entsprechend vielfältig. Auch das Mikroklima ist sehr variabel; die Regenmenge ändert fast alle zehn Kilometer, sogar die Jahreszeiten differieren innerhalb verhältnismäßig kleiner Gebiete. Es braucht wahrlich höchste Anpassungskunst, in solchen Räumen Perlhirse zu säen, um zu einem maximalen Ertrag zu gelangen. Deshalb züchten denn auch die vier oben erwähnten Dörfer, obwohl so nahe beieinanderliegend, nicht genau das gleiche Perlhirsesaatgut, sondern ihre lokale Spezialität.

Die westlichen Wissenschaftler glaubten vorerst, eine einzige, sorgfältig gezüchtete Durchschnittshirse könnte alles abdecken und zu höheren Erträgen verhelfen. Die CSR-Forschung ist auch dieser Frage nachgegangen und musste feststellen, dass bei Weitem nicht alle der in ihren Musterbetrieben entwickelten »fortschrittlichen« Sorten nützlich sind.

Seit jeher hatte die lokale Bevölkerung sich nicht auf das Fremde, sondern auf das Eigene und das nachbarschaftlich Bekannte abgestützt. Viele Bauern kamen von Niger, Burkina Faso oder aus der Gegend von Timbuktu in diese Dogondörfer, um Saatgut zu holen. Sie waren sogar bereit, für dieses Produkt mehr als für anderes Saatgut auf dem Markt zu bezahlen. Warum? Übers Land verstreut finden sich immer wieder ähnliche Mikroklimata und ähnliche Böden wie in den vier Dörfern. Man staunt über die Vernetzung dieser Minikulturen, die man als Saatgutmigration bezeichnen kann.

Noch vier kurze Hinweise, die auch historisch wichtig sind:

- Frauen sind in der Saatgutzüchtung und in der Haltung dieser Saat wesentlich involviert.
- Frauen haben bei der Züchtung darauf geschaut, dass die Hirse entweder früher oder später reift als andere Pflanzen, um die Arbeitskrafteinteilung zu planen; denn man vergesse nicht, die Perlhirseernte musste mit der Gemüsepflege, den Erd- und Baumnüssen sowie den Familienpflichten koordiniert werden.
- Der offene Markt spielte für das Saatgut von Perlhirse keine große Rolle; man ging für diesen Kauf in die betreffenden Dörfer, zu bestimmten Familien.
- Afrikanische Bauern im Sahel verstehen nicht, was angesichts dieser Voraussetzungen die Gentechnologie bei ihnen »verbessern« sollte. Den Hunger vertreiben? Ein Bauer sagte zu mir: »Züchten, das können wir selber, und zwar gut; die sollen lieber das Geld für uns vermehren.«

Madagaskar – Findling oder Ökotop?

Über Madagaskar, die viertgrößte Insel der Welt (587 047 Quadratkilometer), wurden lange Zeit große Studien oder gar Monografien geschrieben, ohne die lokale Landwirtschaft auch nur mit einem Wort zu erwähnen. Es war, als ob es auf einer Insel keine Agrarkulturen, sondern bloß Badestrände am Meer geben dürfte.

In letzter Zeit jedoch begann der Tropenregenwald zu faszinieren. Forscher reisten nach Madagaskar, um kurz vor deren Verschwinden die dortige Fauna und Flora zu studieren. Manche Pflanzen- und Tierwissenschaftler und heute mehr und mehr auch Ökologen stellen dann bestürzt fest, dass sich die Madagassen mit ihrer Tavy-Landwirtschaft, anderswo als Slash-and-Burn-Wirtschaft bekannt (siehe Kapitel »Agrarwirtschaften«), langsam selbst zerstören. Diese Menschen würden sich den Boden unter ihren eigenen Füßen wegbrennen, wird geklagt. Und die Fachwelt ist traurig, weil eine einmalige und einzigartige Pflanzen- und Tierwelt vom Aussterben bedroht ist.

Über Hunderttausende von Jahren hinweg war Madagaskar unbewohnt und nur mit gigantischen Feuchtwäldern bedeckt. Das Klima war feuchtheiß. Es gab zwar keine Menschen, aber viele Arten von Lemuren, dazu im Gehölz unzählige Vogelarten und Tausende von Insekten. Auf dem Tropenwaldboden lebten Käfer. Madagaskar war lange Zeit ein fantastisches und einmaliges Ökotop.

Weil Menschen so spät dazukamen, sind diese Wälder – im Gegensatz zu Westafrika – primär. Sie wurden nicht laufend geschlagen und wuchsen sukzessive immer wieder nach. Es war eine Vegetation, die sich in sich selbst bewegte und einen sogenannt natürlichen Lauf nahm.

Diese Insel ist bezüglich Natur so etwas wie ein Findling. Hier kann die Frage »Wie hätte sich die Natur ohne Mensch entwickelt?« erforscht werden. Doch das Land, das noch im 8. Jahrhundert beinahe völlig bewaldet war, versteppt heute immer mehr. Es gibt nach Angaben von Ökologen nur noch 4 Prozent Regenwald in Madagaskar; 90 Prozent sind heute bereits mit Steppe bedeckt. Einst verlief von Ost nach West zuerst der Regenwald, gefolgt von der Feuchtsavanne; heute erobert, besonders im Süden, die Dornsavanne große Teile der Insel.

Bei der Besiedlung hat Madagaskar eine Überschichtung von Menschengruppen erlebt, eine Volksgruppe kam, war relativ kurz da, zu kurz jedenfalls, um eine Agrikultur zu entwickeln, und machte bald einer anderen Gruppe Platz, die sich gewissermaßen über die vormalige Bevölkerungsstruktur legte. Die ersten Bewohner waren Malaien, die wohl eher zufällig mit ihren Bananenbooten auf dieser Insel landeten oder strandeten. Es ist heute praktisch erwiesen, dass diese Menschen aus Indonesien nicht über Indien und die Komoren-Inseln nach Madagaskar migrierten, sondern direkt auf Seekurs an die Ostküste gelangten. Thor Heyerdahl hat 1947 mit seinem Floß Kon-Tiki nachgewiesen, dass ein weiter Seeweg auf Bananen- und Holzbooten möglich ist. Die »Einwanderung« ist immer noch ungeklärt, weil die Madagassen bisher an dieser Vorgeschichte kaum interessiert waren. Man schließt aus einigen wenigen archäologischen Funden, dass die ersten Menschen aus Indonesien und/oder Malaysia kamen. Über die Zeit streitet man sich noch immer; angenommen wird ein Zeitraum zwischen dem 3. und 6. Jahrhundert. Wären die ersten Bewohner über Indien gekommen, dann wären sie statt im Osten im Norden gelandet.

Diese ersten Menschen mussten sich ans Roden machen. Der Feuchtwald bedeutete für sie eine Bedrohung. Hatten die Einwanderer aus dem Fernen Osten für eine solche Situation vorgesorgt? Hatten sie etwas zum Pflanzen mitgenommen?

Die zweite Einwanderung geschah vom Westen her; es waren Bantu, die dann auch die Bananenstauden an die Ostküste Afrikas brachten. Dort begann man bald, die Banane als Frucht zu züchten. Wo immer sie lebten, legten die Bantu Haine an, um darin ihre Toten zu begraben. Die Bantu waren Hackbauern, doch was sie anbauten, wissen wir nicht.

Als dritte Volksgruppe kamen die Suaheli, die von Madagaskar aus ihren Sklavenhandel mit Ostasien betrieben. Die Suaheli waren keine Bauern, sondern Händler und Sklavenjäger. Malaien wollten sie nicht als Pagen oder Sklaven haben; Bantu jedoch waren wegen ihrer »Unterwürfigkeit« – so steht es in einer zeitgenössischen arabischen Quelle – als Sklaven gut geeignet.

Die Suaheli fällten auf Madagaskar viel Holz, um Schiffe zu bauen. 1885 erhielten die Franzosen auf der Berliner Konferenz zur Verteilung der Kolonien die Insel Madagaskar zugesprochen. Die Franzosen waren auf ihre Kultur so stolz, dass sie vor den Traditionen anderer keinen Respekt kannten; sie nahmen auch nie Rücksicht auf die Natur; für sie war diese Insel gleich von Beginn weg eine Gewürzkammer für Vanille und Nelken (die Gewürznelken hatten wohl einst die Indonesier mitgebracht). Die Franzosen begannen im großen Stil zu roden, um Plantagen für Rohrzucker und Kaffee zu errichten. Auch die Fischereikultur wurde ein Wirtschaftsfaktor.

Heute gibt es in Madagaskar eine neue Volksgruppe, die übers ganze Land verstreut lebt und im Vierradantriebswagen wie hoch zu Ross daherkommt, forscht und viel Papier produziert: es sind die Entwickler und Forscher. Sie alle sind da, um Grundlagenforschung zu betreiben; Anwendung erfolgt später. Alle wollen die Menschen, Tiere und Pflanzen dieser Insel »entwickeln« und von der Armut »erlösen«.

Agrarhistorisch ist Madagaskar im negativen Sinn interessant, weil es aufzeigt, was es alles braucht, bis Menschen Schritt für Schritt eine Agrarkultur kreieren können. Es dauert einige Zeit, bis sich Einwanderer an Naturgegebenheiten nicht nur gewöhnen, sondern sie nach und nach kulturell zu nutzen verstehen (Raubkulturen sind für mich keine Nutzung). Die Menschengruppen auf Madagaskar haben sich, durch die undurchdringlichen Feuchtwälder bedingt, kaum miteinander vernetzen können. Es gab keine Gegensätze und keine Kultur des Dazwischen. Allen Einwanderern fehlte von Anfang an der positive Bezug zum Wald. Sie machten sich nicht daran, seine Beeren und Früchte nutzbar zu machen. Die Menschen haben daher weder eine hybride Silvikultur noch eine nachhaltige Landwirtschaft aufgebaut.

Die einzige Bevölkerungsgruppe, die etwas von Agrikultur (Hackbau) verstand, waren die Bantu; doch auf diese schauten die anderen mit Verachtung herab: Sie wurden nur als potenzielle Sklaven wahrgenommen.

Bei der raschen Überschichtung der Bevölkerungsgruppen fehlten der Antrieb und die langfristige Perspektive, um etwas zu domestizieren oder zu züchten. Man lebte nervös, allein auf das Überleben konzentriert. Das kurzfristige Überleben war in diesem tropischen Klima relativ leicht. Als jedoch die industrielle Landwirtschaft hereinbrach, wurden die dazu nötigen gerodeten Flächen immer größer; die ärmeren Bevölkerungsgruppen mussten sich für ihr Land wehren; das zwang sie, noch mehr zur Tavy-Landwirtschaft, zum Roden und Abbrennen, zu greifen.

Auch der heutigen Bevölkerung (Forscher eingeschlossen) fehlt ein kreatives Verhältnis zur Geschichte und zu den Menschen. So wird etwa Ethnobiologie betrieben, ohne einen Bezug zur Agrar- oder zur Esskultur herzustellen.

Einige wenige gehen das Problem ganzheitlich an. So etwa die Forscherin Erika Styger, die im Pflanzenbereich des madagassischen Waldes erstaunlich viele Möglichkeiten zur Züchtung gefunden und beschrieben hat. Was noch wichtiger ist: Styger hat mit Bauern zusammen an verbrannten Abhängen der Insel eine besondere Reisanbaumethode, das System of Rice Intensification (SRI), entwickelt. Wer aber führt solche Projekte weiter? Die Regierung von Madagaskar ist mehr am Business mit Zoospezialisten als an der Zusammenarbeit mit Bauern interessiert. Und die madagassische Agrarpolitik ist stur auf Globalisierung und Export (von Gewürzen) ausgerichtet.

Die Insel Madagaskar hat heute mehr als 20 Millionen Einwohnerinnen und Einwohner. Wie können diese ohne eigene Agrarkultur satt in die Zukunft gehen?

Die stille Gewalt der Savanne

Über Jahrzehnte hinweg wurde das friedliche Nebeneinander von Hausa und Fulani in Nordnigeria beschrieben. Hausa und Fulani folgten beide dem Koran, hatten jedoch ein ganz verschiedenes Verständnis von Landnutzung. Diese Mischung faszinierte alle Ethnologen und Agronomen weltweit. Die Hausa als Pflanzer von Getreide erlaubten den Fulani nämlich, nach der Ernte mit ihren Herden über die Felder zu ziehen und sie so natürlich zu düngen. Das klappte scheinbar wunderbar, es herrschte nach außen Frieden. Man wünschte sich, dass die ganze Welt solche Modelle des Vernetztseins finden könnte.

Heute sieht alles etwas anders aus, die Einheit ist zerbrochen. Es wohnen eben in Nordnigeria nicht nur diese zwei Bauernvölker, sondern auch Handwerker und Bürolisten, Kaufleute und Soldaten. Ferner muss berücksichtigt werden, dass der Norden Nigerias zwar islamisch sein will, dass man aber aus dem Süden christliche Ibo für Hausarbeiten und kleine Handwerksbetriebe, für die lokale und die koloniale Verwaltung anstellte. Um die daraus resultierenden gesellschaftlichen Kompromisse kamen auch die Hausa und die Fulani nicht herum, obwohl sie zu Beginn des britischen Kolonialismus ihren Herren die Auflage machten, ja keine Missionare hereinzulassen. Es kamen mit der Zeit zwar keine Missionare, aber Bekehrte. Man verweigerte lange Zeit die westliche Schule mit ihrem Schwerpunkt auf Lesen, Schreiben und Rechnen und setzte ausschließlich auf den Koran. Die Folge davon war, dass viele Stellen etwa in der Verwaltung mit Personen aus dem Süden, die durch christliche Schulen gegangen waren, besetzt werden mussten.

Es stellte sich also bald heraus, dass das Zusammenleben von Hausa und Fulani nur ein Aspekt einer sehr komplexen Gesellschaft war, der nicht vom Ganzen losgelöst werden konnte.

Heute wird alles hinter einem andern einzigen Aspekt versteckt, nämlich dem Islam; man spricht von einem Glaubenskrieg gegen die Christen, aber letztlich geht es um Land. Die moderne Landwirtschaft lässt das Hausa-Fulani-Modell gar nicht mehr zu. Man muss die Getreidefelder einzäunen; die nationale Politik erlaubt die Wanderung von Vieh über Staatsgrenzen hinweg nicht mehr, obwohl nach traditionellem Verständnis, das keine nationale Identität kennt, im Norden Nigerias und im heutigen Niger dieselben Menschen leben.

Der moderne Farmer in Nordnigeria braucht die Kuhfladen nicht mehr; die Fulani benötigen daher eigenes Land, auf dem sie ihre Herden weiden lassen können. Man kann sagen, dieses einstige Modell ist selbst zu einem Ökoton, einem Randbiotop, geworden.

Die Geschichte der Savanne mit dem Boden, den Büschen und Bäumen, Gräsern und Dornen, den Menschen und dem Staub im Norden des heutigen Nigeria ist schätzungsweise 20 000 Jahre alt. Es handelt sich um einen Raum zwischen der Wüste im Norden und dem Tropenwald im Süden. Dieser Großraum ist ein typisches Ökoton, darin eingeschlossen sind mehrere kleine Ökotone, etwa der Bereich zwischen Sahara und Sahel oder der Sahel zwischen Wüste und Nigerfluss. Eine solche Gegend wird von beiden Seiten (negativ) bedroht oder (positiv) gefordert.

Die Wissenschaftswelt besitzt eine eindrückliche und einzigartige 700-seitige Studie von 1983 über diesen Raum. Der Titel zeigt bereits etwas von der Dynamik des Gebietes; er heißt nämlich *Silent*

Violence – die stille oder verborgene Gewalt. Das ist ein Hinweis darauf, dass dieser Raum nie friedlich, sondern stets mit Spannungen belastet war. Das präzisiert auch der Untertitel *Food, Famine and Peasantry in Northern Nigeria* – Nahrung, Hunger und Bauernschaft in Nordnigeria. Die Geschichte der Region kann in drei Begriffen ganz kurz zusammengefasst werden: klimatischer Wandel, Widerstand der Bauern gegen Veränderung und Überbevölkerung durch Mensch und Tier.

Die Menschen in dieser Savanne sind zäh, tiefgläubig und fast magisch mit einer Natur verbunden, die doch dauernd gegen sie ist. Das ist die Bilanz von Michael J. Watts, dem Autor dieses packenden Buches. Watts will aufzeigen, dass die Vergangenheit genauso hart und widerwärtig war wie die Gegenwart, dass es Hungersnöte noch und noch gab und dass in dieser Spannung (Ökoton) sowohl Mensch wie Tier aggressiv waren und blieben. Watts ist gegen jegliche Beschönigung der Situation und meint, dass der Mensch in Nordnigeria auch in 12 000 Jahren nicht gelernt hat, mit den Widersprüchen einer *shifting culture,* einer sich ständig wandelnden Kultur, zu leben und fertig zu werden. Indirekt sagt Watts auch, dass der Islam kein Rezept für eine solche Gegend besitzt und dass die sogenannten Naturreligionen in dieser Hinsicht viel beweglicher und weitsichtiger waren. Zum Beispiel wurde, da der Islam die Hirse verachtete, immer wieder der Anbau von Weizen versucht, obwohl dafür der Boden kaum geeignet war und auch das Wasser zu knapp. Es existieren deshalb nur wenige Zeugnisse dafür, dass in dieser Savanne etwa nach einer besseren Anpassung der Hirse gesucht wurde. Man übernahm scheinbar einfach aus dem Norden, der Sahelzone, eine für dortige Verhältnisse gezüchtete Hirse. Eine Savannenhirse gab es nicht.

Watts legt in seinem Buch dar, wie einst, vor 20 000 Jahren, das Tschadseebecken bis ins Jos-Plateau hineinreichte. In den nachfolgenden Jahrtausenden zog sich das Wasser sukzessive zurück, der Boden trocknete ein, gab den Menschen scheinbar mehr Land, aber die ansässigen Bauern waren den Umgang mit einem solchen Gelände nicht gewohnt und beuteten es daher rasch aus. Schon vor 8000 Jahren gab es Bauern, die ihr Land ruinierten.

Dennoch schreibt Watts: »Dass die Savanne keine Zukunft hat, heißt nicht, dass sie keine Vergangenheit kannte.« Man kann es in diesem Ökoton-Kapitel auch andersherum sehen und behaupten: Ohne die Geschichte zu kennen, geht die Zukunft abhanden. Auch wenn der Boden der Savanne armselig ist, kann dennoch jede Oberfläche ihre Geschichte bekommen. Doch es braucht Anpassung an den Boden, an Bakterien, Pflanzen, Tiere, an die menschliche Tradition und Kultur, an den Glauben und an Vorurteile, kurz an Natur und Kultur – alles andere ist tatsächlich stille Gewalt.

Kalahari – zwischen Wüste und Meer

Wie ein Puzzle beginnt diese Geschichte mit vielen einzelnen, unzusammenhängenden Details. Es gab archäologische Grabungen und historische Datierungen etwa von Mosambik, aus dem Gebiet des Sambesiflusses, entlang dem rhodesischen Monomotapa-Reich, von den Bauwerken von Great Zimbabwe, Daten quer durch die Gokomere-Kultur und bis in das heutige Botswana. Geforscht wurde weiter entlang dem Rand der Kalahariwüste bis nach Okavango und gar noch weiter nach Namibia hinein.

Heute belegt die Forschung – seien es archäologische Grabungen oder linguistische Vergleiche zwischen Bantu- und Khoisan-Sprachen –, dass schon früh ein reger Austausch oder Handel nach dem Indischen Ozean hin und von dort bis weit in den Westen stattfand. Die Hinweise gehen bis etwa 4000 Jahre zurück. Doch eingeengt durch die Vorurteile weißer Wissenschaftler, konnte man lange bloß einzelne, unerklärlich geheimnisvolle Teile des Ganzen sehen. Die Europäer konnten sich eine solch dynamische Migration und einen derart frühen Handel gar nicht vorstellen, also suchten sie auch nicht danach.

Der Denkhorizont wurde erweitert, als die Grabungen in Divuyu und Nqoma in der Flussmulde des Okavango (Botswana) zeigten, dass die dort gefundenen Töpfereien, Scherben, Schmuck und Handwerksgegenstände den Objekten der bis anhin isoliert betrachteten Gokomere-Kultur (in der Nähe der heutigen Stadt Masvingu und auch der Ruinen von Groß-Simbabwe) glichen. Vor allem war man überrascht, Muscheln und Schmuck sowie Gegenstände aus Fischgräten, also Objekte aus dem Meer, zu finden.

Einen ersten zusammenfassenden Einblick in den Stand der historischen, archäologischen und linguistischen Forschungen gewährte Edwin N. Wilmsen 1989 mit seiner politischen Ökonomie der Kalahari, *Land with Flies* (Das Land der Fliegen). Sein Werk trug dazu bei, dass sich das Bild der Khoi und San als reine Nomaden auflöste. Heute darf man einen Vergleich wagen: Was die Tuareg mit ihrem Handel für die Sahara waren, das waren einzelne Kleinvölker innerhalb der Khoisan für den Austausch zwischen dem Indischen Ozean und der Kalahariwüste. Wilmsen belegt, dass die Kalahariregion seit mindestens 2000 Jahren Bestandteil eines subkontinentalen Austausch- und Handelsnetzes war. In dieser Gegend überlappen sich hoch differenzierte ökonomische Systeme. Das raffinierte Transhumanzverhalten der Khoi mit dem Vieh übertrug sich auf ein interregionales Austausch- und Handelssystem mit Elfenbein, Straußenfedern, Viehhäuten und wahrscheinlich auch mit Wüstenheilpflanzen und wohl sogar Hirse und Sorgho, der über Angola in die Kalahari gelangt war.

Eine ähnliche Zusammenfassung der Funde und ihrer Deutungsversuche geben auch James R. Denbow und Edwin N. Wilmsen in ihrem Beitrag »Advent and Course of Pastoralism in the Kalahari« (Aufkommen und Entwicklung des Pastoralismus in der Kalahari) 1986 im Magazin *Science*. Dieser Beitrag wurde zum Ausgangspunkt der heutigen Forschungen, die nach der Apartheidzeit viele der früheren Annahmen und Datierungen nochmals überprüft haben. Seit 1975 wurde in Namibia, Botswana, Simbabwe und Malawi an 34 Orten archäologisch gegraben.

Die Archäologie vor 1985, die noch ganz von den Vorurteilen der Apartheid im südlichen Afrika dominiert war, grub wenig aus, was vor etwa 4000 Jahren – mit Daten sei man im südlichen Afrika vorsichtig – für die Agrargeschichte wichtig gewesen wäre. In gängiger Tradition wurden Keramiken registriert, eingeteilt, datiert, aber kaum weiter analysiert. So geschah es auch mit der Divuyu-Keramik und der Nqoma-Keramik. Gerade noch wurde eine Ähnlichkeit und somit ein Zusammenhang mit der Gokomere-Keramik ausgemacht. Wichtig wurden hingegen die hastigen Ausgrabungen am Sambesifluss vor dem Staumauerbau von Kariba. Joseph O. Vogel deutete die Funde unter anderem in seinem Buch *Kumadzulo. An Early Iron Age Village Site in Southern Zambia* (Kumadzulo. Eine frühe Eisenzeitstätte im südlichen Sambia) von 1971. Vogel ging auf den Pastoralismus der Kultur ein. Ergiebig für die Agrargeschichte der Gegend ist auch eine Publikation von E. Voigt, *Tsodilo Hills, Botswana* (1982), der tierische Überreste analysiert. Knochen von Vieh, Ziegen und Schafen wurden festgestellt. Ihre Datierung geht bis auf 4000 Jahre zurück. Auch verkohlte Sorgho- und Hirsekörner wurden gefunden, dazu Kerne, die wahrscheinlich von Melonen stammen.

Es gibt vier weitere informative Ausgrabungsorte, die die Ost-West-Ost-Verbindung in dieser Gegend bekräftigen und wohl die ersten Erfahrungen mit dem Schmelzen von Eisen bezeugen:

- Im nördlichen Teil der Kalahari, entlang dem Hungorob-Flüsschen, gibt es eine zehn Kilometer lange Hügellandschaft mit Höhenunterschieden von etwa 2000 Metern, wo Transhumanzwirtschaft betrieben wurde; zweimal jährlich wanderten die Bauern die Hänge auf und ab, um ihre Erträge zu maximieren. In dieser Gegend finden sich zwei große Höhlen und viele kleine Nebenhöhlen mit insgesamt 815 Felsmalereien, die sich als ausdrucksvolle Kulturbelege erweisen. Eine so erstaunliche Vielfalt von Malereien lässt nachdenklich werden; diese Fluss- und Höhlengegend muss ein bedeutungsreiches Zentrum, vielleicht gar ein sakraler Ort, des Pastoralismus gewesen sein. John Kinahan, Autor der

Studie *Pastoral Nomads of the Central Namib Desert* (Die nomadischen Hirten der zentralen Namib-Wüste) über dieses Gebiet aus dem Jahr 1991, schließt auf schamanistische Orte und Praktiken. Die Höhlen sind seit etwa 500 Jahren nicht mehr benutzt worden.

- Im Umkreis von 100 Kilometern rund um den botswanischen Ort Serowe hat man verschiedene Siedlungen abgesucht und mehrere größere Viehstandplätze gefunden sowie etliche Spuren, die die Bearbeitung von Eisen belegen. David Kiyaga-Mulindwa fasst die Grabungsergebnisse von Denbow, dem Frühgeschichtserforscher der Kalahariwüste, zusammen (im Reader von Shaw/Sinclair/Okopoko) und interpretiert sie sehr aufschlussreich: Serowe mit Umgebung scheint ein wichtiger Durchgangsplatz gewesen zu sein. Es gab einen hoch spezialisierten Pastoralismus, Eisenbearbeitung und Spuren eines Salzhandels, denn der Pastoralismus benötigte Salz; vielleicht kam dieses vom Indischen Ozean her.
- Ein ganz zentraler Ort in diesem Netz ist Nkope am Malawisee. Der Zusammenhang mit Gokomere und Divuyu ist klar belegbar. Wichtig sind auch hier die Zeugnisse von Eisenbearbeitung zwischen 220 (± 90 Jahre) und 995 (± 60 Jahre) unserer Zeitrechnung. Der auf Datierungen spezialisierte Archäologe Yusuf M. Juwayoyi erkennt hier einen Übergang von der Früheisenzeit zur Späteisenzeit. Der Ort brachte einen erstaunlichen Reichtum von Töpfereien und Scherben an den Tag. Doch mehr als registriert und gezählt und zugeordnet sind sie bis heute kaum. Man müsste es wagen, mehr Zusammenhänge zu erstellen und andere Wissenschaften zu konsultieren oder sich beraten zu lassen. Die archäologische Forschung im südlichen Afrika befindet sich noch immer in den Anfängen oder auf dem Weg aus der Apartheidmentalität.
- Grabungen in Mosambik wurden – wenn überhaupt – entlang der Küste gemacht. Sinclair (Mitherausgeber des bereits er-

wähnten Lesebuchs) fasst alle archäologischen Zeugnisse über Mosambik bis 1998 zusammen und muss ebenfalls feststellen, dass bis vor Kurzem einfach Scherben und Töpfe registriert wurden. Er fordert, dass endlich auch etwas über das Agrarleben aus den Töpfen und Kalebassen herausgelesen werden solle. Zwei bedeutsame Stätten für eine Analyse von früh betriebener Landwirtschaft sind Chibune am Fluss Save, nahe der Küste, und Matola, in der Nähe von Maputo. Was lesen Sinclair und sein Team aus den Funden heraus?

1. Ein eindeutiger und genauer Übergang vom frühen zum späteren Steinzeitalter kann nicht festgestellt werden; es ist eher ein Parallelismus oder eine Kontinuität ohne feststellbare Unterbrüche.
2. Es waren keine Beweise für Viehzucht zu finden.
3. Sorgho und Hirse wurden nachweislich angebaut.
4. Die Landwirtschaft um Matola herum ist nicht nur eine der frühesten in Mosambik, sondern auch eine der ältesten im ganzen Raum des südlichen Afrika.
5. Es gibt viele eindeutig miteinander verwandte Gegenstände von Mosambik über Simbabwe bis zur Kalahariwüste.

Bis heute vielleicht noch zu wenig begriffen und erforscht ist die Bedeutung der kleinen und großen Flüsse und Seeufer in dieser geografischen und zum Teil auch geologischen Einheit (vorab Granit). Vielleicht sprechen wir eines Tages von einem Sambesi-Okavango-Kunene-Flusskultursystem, das kleine und größere Nebenflüsse – wie etwa die um Divuyu und Nqoma oder Nkope – miteinbezieht. Vielleicht bildete »Great Zimbabwe« – wie es Webster Ndoro, ein für Afrika zuständiger Archäologe, in der Fachzeitschrift *Scientific American* (1997) beschrieb – tatsächlich »den Knotenpunkt eines großen Handelsnetzes«, war also Ausgangsort und Kreuzung, Lagerstätte, Umsteigestation und Drehkreuz in einem.

Gehen wir nicht von den Datierungen aus, sondern von den

überaus aktiven und vernetzten Tätigkeiten über große Distanzen hinweg und der auf den ersten Blick überraschenden Liebe zur Wüste. Beide Aspekte sind wichtig für den transkontinentalen Austausch und Handel. Es ist wahrscheinlich, dass die Khoisan sehr rasch eine Zusammenarbeit mit den Bantu eingingen; dafür gibt es nicht nur linguistische Hinweise, sondern auch Viehknochenbelege und wahrscheinlich importiertes Getreide (Sorgho und Hirse). Vielleicht ging der Handel übers Kreuz: Nord–Süd Getreide und Vieh; Ost–West Schmuck und so weiter. Oder war der Handel stärker west-ost-orientiert mit Elfenbein und Häuten?

Bemerkenswert ist jedenfalls, dass es den reinen Pastoralismus nie gab, sondern dass Weide und Markt zwei parallele Schwerpunkte waren. Es gibt Spuren, die bereits um diese Zeit den Handel mit Elfenbein, Straußenfedern und Häuten belegen. Besonders wichtig war aber stets der Salzhandel, das Salz für Mensch und Vieh. Denn Viehzucht gab es schon lange vor der Ankunft der Europäer, und es waren nicht die Holländer, die die Khoi und die San in die Wüste abgedrängt haben. Auch die Marula-Frucht spielte um diese Zeit bereits eine wichtige Rolle, die Häufigkeit der Spuren weist darauf hin.

Durch den regen Austausch beeinflusst und stimuliert, gab es ebenfalls bereits früh Versuche im Umgang mit Metallen (Eisen, Bronze, Email).

Ganz überraschend ist, dass es in Mosambik im Agrarbereich mehr transafrikanische Beeinflussung gab als Austausch entlang der Ostküste Das heutige Mosambik war also auf den afrikanischen Westen hin ausgerichtet und hat sich weniger als bisher angenommen an der Suahelikultur orientiert.

Kurz und gut: Wir finden nach und nach, Puzzleteil um Puzzleteil, zu einem Bild, das auf eine reichhaltige und vernetzte agro-pastorale Kultur am Rande der Kalahari und in der Wüste selbst hinweist und das einen regen Austausch zwischen Wüste und Meer erahnen lässt.

6.
Pflanzen und Tiere

Der Hirsekosmos

Es gibt sie nicht – die einfache Hirse. Hirse hat viele Gesichter, genauso wie Afrika viele Gesichter hat. Ich kann den ghanaischen Philosophen Kwame Gyekye sehr wohl verstehen, wenn er sagt, dass »in der Hirse das Ganze von Afrika eingeschlossen« ist. Noch besser begreife ich Jean-Marc Ela, den kamerunischen Theologen, der erklärt, »was für Asien der Reis und für Europa der Weizen, das ist für Afrika die Hirse«.

Hirse ist sehr widerstandsfähig und gedeiht bis in die Randgebiete der Wüste hinein; sie ist anpassungsfähig und kann Niederschläge von 125 Millimeter bis 2000 Millimeter tolerieren. Hirse ist zentral für die afrikanische Agrargeschichte. Die Züchtung von Hirse wurde – auch das ist ein Zeichen ihrer Vielfalt und Allgegenwärtigkeit – gleichzeitig in verschiedenen Gegenden gepflegt: am Niger und am Senegal in der Sahelzone, am Sambesi in Sambia und Simbabwe und, in anderer Weise, auf den Höhen Äthiopiens.

Lange nahmen sowohl die Wissenschaft im Allgemeinen als besonders auch die Inder an, dass Hirse zuerst in Indien kultiviert wurde. Doch der Wildling von Hirse ist weltweit in großer Vielfalt vorhanden, sodass man ebenso gut verschiedene Ursprungsorte einer Züchtung annehmen kann. Einmalig ist in Afrika die Dreiheit von Fonio, Sorgho und Hirse, die sich aus der afrikanischen Agrargeschichte ergibt.

Vor etwa 10 000 bis 12 000 Jahren, als die Sahara in einem Prozess, der den klimatischen Vorgängen von heute ähnlich ist, wieder trockener zu werden begann, beobachteten die Menschen in der Savanne Rispengräser und begannen sie zu kultivieren. Sie wollten Körner, die man mahlen und zu einem Brei verarbeiten konnte. Dazu brauchte es entsprechende Geräte, und so beobachten wir archäologisch, dass kleine Steinmühlen und Töpfe parallel mit dem Anpflanzen von Getreide einhergehen.

Die Bauern von damals haben bestimmt anders gedacht als die Forscher des Crop Evolution Laboratory an der Illinois University, die noch 1970 zum Schluss kamen: »Das vorliegende Material [es handelte sich um *Sorghum bicolor*, A. I.] ist einfach zu armselig, um ihm wirtschaftlich eine große Zukunft zuzutrauen.« Dass ausgerechnet Morphologen so eindimensional denken können, ist unbegreiflich. Die gingen an ihre Studie mit der eingeschränkten Perspektive, dass mit Hirse eine grüne Revolution unmöglich sei. Natürlich ist Hirse kleinkörnig und widerspricht westlicher Vorstellung von »groß« und »vergrößerungsfähig«. Im Gegensatz zu diesen Wissenschaftlern sahen aber afrikanische Frauen (und Männer) die Zukunft vor 12 000 Jahren anders; ihnen ging es nicht um die wirtschaftlich große Zukunft, sondern um ihre Subsistenz und somit ums unmittelbare Überleben.

Heute wird die Hirseforschung von indischen und US-amerikanischen Forscherinnen und Forschern dominiert. Das indische Interesse stammt aus der Kolonialzeit. Die Briten waren überzeugt, dass Hirse und Sorgho aus Indien stammen würden. Die französischen Pflanzenforscher sahen den Ursprung entweder in Ägypten oder im Sudan.

Der russische Pflanzenbiologe Nikolai I. Wawilow war der Erste, der beide Hypothesen infrage stellte. Er sah Tef, einen Zweig des Hirsestamms, in Äthiopien und konnte sich beim Forschungsstand um 1918 noch vorstellen, dass die Kunst der Kultivation über den

Sudan gegen den Westen Afrikas ziehen konnte; später rückte er von dieser These ab, weil Tef als Pflanzenart zu weit von Fonio oder Sorgho entfernt liege.

Roland Portères, der französische Ethnobotaniker, der zwischen 1935 und 1976 jährlich neue Studien veröffentlichte, ging eigene Wege; er brach mit der indischen und/oder hamitischen Ursprungshypothese (Stemler, Harlan und de Wet). Portères wurde zum großen Spezialisten für Pflanzen in der Sahelzone.

Der maßgebliche Experte für das gesamte Reich der Hirse wurde J. W. Purseglove, ein Brite. Er nahm die verschiedenen Arten und Sorten systematisch auseinander und propagierte die erwähnte Dreiteilung Fonio, Sorgho und Hirse, und zwar in folgenden drei Schritten:

- Auch wenn Purseglove nicht historisch, sondern pflanzengenetisch vorgehen will, steht für ihn Fonio am Anfang (*Digitaria exilis, Stapf)* auch Hungerreis genannt. Der Islam hat Fonio – im Gegensatz zu Weizen – stets gering geschätzt. Doch Fonio kann bereits mit 180 Millimeter Niederschlag (und sogar noch weniger) überleben. Völker, die gegen den Islam Widerstand leisteten, bevorzugten oft Fonio. Es gibt heute nur wenige Forscher, die annehmen, Fonio sei erst später, als die Eintrocknung der Wüste begann, entwickelt worden.
- Auf Fonio folgt *Pennisetum americanum (P. typhoides; P. glaucum)*, vom Volk als Bullrush Millet oder Pearl Millet (Perlhirse) bezeichnet. Perlhirse ist sehr resistent, reift innert 60 Tagen, ganz heimisch in der Sahelzone.
- An dritte Stelle setzt Purseglove Sorgho mit den Untergattungen Bicolor, Guinea, Caudatum, Kafir und Durra. 2001 wurden in der Umgebung von Timbuktu bei archäologischen Grabungen drei Körner von *Pennisetum bicolor* gefunden. Ihre Datierung ging auf mindestens 12 000 Jahre zurück. Bei den archäologischen Forschungen und Grabungen kurz vor der Überflutung durch den

Kariba-Stausee am Sambesi zum Beispiel wurden Hirsekörner im Alter von 12000 Jahren gefunden. In Timbuktu waren die Fachleute überrascht, dass die Körner Sorgho und nicht Fonio waren. Dem deutschen Botaniker Otto Stapf gelang es 1930, Sorghastrae aus sechzehn Untergruppen von Andropogoneae herauszulösen. Wie aber schafften vor vielen, vielen Jahren Menschen aus Afrika oder Indien ein solches Verfahren? Immer wieder kommen wir zum Schluss, dass es schon vor 12000 Jahren Menschen, seien es Schamanen oder Frauen mit besonderem Wissen, gab, die solche Pflanzenmanipulationen vornehmen könnten.

Wesentlich für die verschiedenen Hirsekulturen waren einerseits die Niederschlags- oder Wasserbedingungen. Die Bewässerung einer traditionellen Hirsekultur ist ein hoch entwickeltes Kunsthandwerk, das zeigt etwa die Décrue-Bewässerung. Ebenfalls zentral war die Mischkultur rund um die Hirse: Bestimmte Bäume sind wichtige Hirsebegleiter, vorab die Akazien, gefolgt vom Baobab und Elemi *(Canarium schweinfurthii)*. Die Serer im Senegal kannten sich in der Kunst des Conviviums oder der kombinierten Bepflanzung am besten aus.

Noch um 1970 waren die internationalen Pflanzenzuchtinstitute der Welt überzeugt, dass man der Erforschung von Fonio nicht mehr nachgehen sollte. Heute jedoch wird Fonio – vor allem in Mali – wieder angebaut. Dazu beigetragen hat die lokale Forschungsstelle in Cinzana – unterstützt durch das International Crop Research Institute for the Semi-Arid Tropics (ICRISAT) –, mit afrikanischem Sitz in Niamey (Niger), das von der Schweizer Ciba-Geigy-Stiftung unterstützt wird. Tansania zum Beispiel hat die zwei alten Hirsesorten Serena und Lulu wiederbelebt und angebaut. In Westsimbabwe wurden ebenfalls dem Aussterben nahe Hirsesorten neu eingesetzt, und es zeigt sich, dass diese unglaublich gut dem ganzen ökologischen Gefüge angepasst sind. Die Alten waren nicht dumm.

Hirse ist auf dem Weg zurück nach Afrika und hat in den letzten dreißig Jahren eine Renaissance erlebt. Bis vor Kurzem wollte die neue Generation Afrikas – vor allem nach der Unabhängigkeit – um alles in der Welt Weizen; falls man diesen nicht anbauen konnte, importierte man ihn einfach.

Die Hirse nun hat mit der Rückbesinnung auf afrikanische Pflanzmethoden und eine 12 000-jährige Kultur gleichzeitig eine neue ökologische Art von Landwirtschaft gebracht. In besonders verwundbaren ariden oder semiariden Gebieten können Fonio, Hirse und Sorgho gleichzeitig ausgesät werden. Ist es dann zu trocken, gedeiht eben nur Fonio. Regnet es mehr und besser, kommen die anderen Saaten zum Zuge und überdecken Fonio; Fonio dient in diesem Fall als Mäster des Bodens und abdeckender Kompost. Die Kraft und Nahrungssicherheit kommt hier aus dem Zusammengehen und aus der Solidarität auch im Ökosystem.

Festessen und Hirsebier

Die Geschichte der Nutzpflanze Fonio oder Foniohirse spiegelt sich bereits in ihren verschiedenen Namen: Die Kolonialisten nannten Fonio »Hungerreis«, während die Dogon selbst Fonio als »Speise des Häuptlings« *(chief's food)* bezeichnen. So wird Fonio bei den Dogon bis heute von der Oberschicht gegessen und wird auch bei Festen angeboten.

Linguistisch wurde festgestellt, dass der Name sehr alt ist und auf mythische Vorstellungen zurückführt. Fonio weist also auf den Anfang zurück. Die Hirse gehört zum Ursprung, sie steht zwischen Gott (Amma) und den Menschen und trägt das Überleben in sich. Solange man Fonio hat, geht das Leben weiter.

Fonio ist eine aufrechte und krautige Pflanze, die zwischen 35 und 72 Zentimeter hoch wächst. Fonio gedeiht auch dort, wo alle anderen Getreide nicht mehr zu Frucht kommen. Die Hirseart wächst auf trockenen Savannenböden und kann sich in gewissen Situationen mit 180 Millimeter Jahresniederschlag begnügen, liebt jedoch auch Regen bis zu 1500 Millimeter. Fonio versteht es, sich felsigen, aber auch sauren Lehmböden anzupassen.

Zur Sklavenzeit wurde Fonio in die Neue Welt mitgenommen. So erklärt es sich, dass heute in der Dominikanischen Republik Fonio angepflanzt wird. Eine ganze besondere Bedeutung hat Fonio bei den Hausa in Nordnigeria. Dort gibt es neben dem weißen Fonio auch die schwarze Variante *(Digitaria iburua)*. Diese zwei Farben sind mehr als bloß Symbol für zwei Gegensätze; sie sind kosmologischer Art. Fonio vermittelt zwischen Oben und Unten, zwischen Schwarz und Weiß, zwischen Hungersnot und bescheidenem Überschuss.

Das traditionelle Bier konnte bei den Dogon selbstverständlich nur aus Fonio gebraut werden. Hirse ist das Grundelement des afrikanischen Biers. Im abendländischen Westen sind Brot und Wein etwas Grundverschiedenes; in Afrika südlich der Sahara ist Brot und Bier sozusagen eins. Wenn Afrikaner Hirsebier trinken, ernähren sie sich gleichzeitig. Zur Hirse kommt beim Bierbrauen der Honig der Bienen hinzu. Afrikanisches Hirsebier ist nicht dünnflüssig, sondern mit anderen Substanzen durchtränkt. Das beste Bier entsteht aus Fonio, dem bescheidensten Getreide. Afrikanisches Bier ist pure Symbolik: In dieses Bier ergießt sich die ganze Welt. Afrikanische Zeremonien kennen die Libation, das heißt, vor jedem größeren Trunk wird ein kleiner Teil des Getränks für die Ahnen auf den Boden gegossen.

In vielen Gegenden wird das traditionelle Haus immer noch mit einer Mischung von Lehm und Foniostroh gebaut. All diese tiefen und vielfachen Bedeutungen und Anwendungen haben weder die Kolonialisten noch moderne Agronomen begriffen. Können diese Fortschrittsvertreter denn nicht verstehen, was man den Fonio-Essern antat, als man Fonio zum Viehfutter degradierte?

Cowpea, die Begleiterin der Sklaven

»Niebe« nannten die Sklaven eine ursprünglich westafrikanische Bohne und nahmen sie als Vorrat und Trost mit auf die Boote für ihre Überfahrt ins Ungewisse. Die Cowpeas gelangten so in die Neue Welt; die Amerikaner entwickelten sie als Viehfutter weiter und vergaßen Afrika. Wahrscheinlich haben Menschen aus Afrika diese sonderbare Bohne auch nach dem Osten mitgenommen, wohin sie als Pagen, wie die Suaheli ihre Sklaven beschönigend nannten, verfrachtet wurden. Später behaupteten die Inder, die Cowpea gehöre ihnen. Doch Cowpeas waren treue Begleiterinnen der Sklaven und schrieben so eine Geografie der afrikanischen Sklaverei.

Wissenschaftlich ist die Cowpea eine Körnerleguminose, als *Vigna unguiculata* bekannt. Andere Namen sind: Southern Pea, Black-Eyed Pea, Crowder Pea, Coupe oder Frijole. Auf Deutsch heißt sie Kuhbohne oder Augenbohne. Die Cowpea ist außerordentlich anpassungs- und entwicklungsfähig, und so haben die Amerikaner sie ertragstüchtiger gemacht, derweil die Afrikaner sie bis heute so beließen, wie sie war. Für Afrika bedeutet die Cowpea Erinnerung, Absicherung der Armen und Schutz der Böden; für Afrika ist sie wie das Chreueli eines Rosenkranzes, wo die Menschen sich Bohne um Bohne langsam ans Ziel bringen. Das Agrobusiness der USA hingegen sieht in der Cowpea das Entwicklungspotenzial für Energie und Viehfutter.

Für Afrikaner sind die Bohnen (Samen) der Cowpea das Wichtigste. Die Hülsen sind wenn jung zwar genießbar, sie werden jedoch in Afrika und Indien kaum intensiv genutzt, denn man möchte die Samen so lange als möglich schützen. Die noch zarten Blätter können wie ein Spinat gekocht werden; sie sind eine Versuchung für das Vieh. Die Cowpea ist äußerst proteinreich (etwa 25 Prozent) und enthält insbesondere wertvolle Lysine. Dazu kommen Vitamine und Mineralien. Die stark proteinhaltige Cowpea gilt als Fleischersatz.

Die Cowpea ist wie jede Leguminose eine Pflanze, die im Boden Stickstoff binden kann. Sie ist artenmäßig breit gefächert und besitzt im Gegensatz zur Luzerne oder gar Soja verschiedene Gattungen, etwa Alysicarpus, Arachis, Cajanus, Canavalia, Crotalanta, Cyamopsis und so weiter bis zur Vigna. Die Wissenschaft kennt (bis heute) 170 Sorten; davon haben 120 ihren gesicherten Ursprung in Westafrika und 22 in Indien oder 50 in ganz Asien. Züchtungen gehen meist auf Notlagen zurück, haben fast immer mit afrikanischen Menschen einen Zusammenhang. Der asiatische Ursprung wird ziemlich vage bleiben, solange man keinen asiatischen Wildling finden und festlegen kann. Ich selber gehe in der Regel von einem polyzentrischen Ursprung aus und sehe einen indischen oder asiatischen Mitursprung als durchaus möglich an. Auch im Nordosten Afrikas, in Äthiopien, hat man schließlich einen Cowpea-Wildling gefunden.

In Westafrika kennt man die Bohne unter der Bezeichnung Niebe (französisch: *niébé).* Als Wildform wird *Vigna unguiculata ssp. dekindtiana* (Harms) Verdc. angenommen. Da es jedoch so viele Gattungen gibt und für den Westen die Pflanze weder in Bezug auf Nahrung wichtig noch handelsmäßig bedeutungsvoll ist, ist die Ursprungsforschung nicht weit entwickelt. Erst 2007 haben zwei Agrarbiologen in den USA und in Indien in ihrer Forschung auf Dekindtiana zurückgegriffen. Doch in Westafrika ist Niebe eine der wichtigsten Nahrungspflanzen; sie gilt als das Gemüse der Gegend.

Heute wird angenommen, dass die Cowpea im Zusammenhang mit der Sorgho- und Pennisetum-Entwicklung steht. Die Bauern entwickelten eine Pflanze, mit der man Hirse, Sorgho und Fonio mulchen konnte, ohne sie zu ersticken; Cowpeas waren ebenfalls wichtig für die damals entwickelten Zwischenpflanzungen. Agrarhistoriker sehen sowohl Hirse wie auch Cowpea in Indien als eine kombinierte Übernahme aus Afrika an, bei gleichzeitig späterer Weiterentwicklung respektive Anpassung an indisch-asiatische Böden und das lokale Klima. Diese Interpretation stellt den afrikanischen Ursprung in den Vordergrund.

Im Deutschen kennen wir die Cowpea wie gesagt auch als Augenbohne. Dieser Name ist gleichzeitig eine gute Charakterisierung, denn die Bohne ist wie die menschliche Iris mit Farbflecken bedeckt. Die verschiedenen Sorten haben ihre je eigenen Farbkombinationen. So gibt es etwa: Black Eye, Purple Eye, Brown Eye, Crowder (besonders geschätzt, mit vielen Flecken auf einer globalen Formung) und Cream (eine Farbe wie ausgegossene Creme). Diese Farbvariationen werden wie die Umrisse – es gibt nierenförmige, fast runde und eierförmige Bohnen – auch zur Weissagung genutzt.

Die Cowpea gedeiht auf leichten und sandigen Böden, mit einem pH-Wert zwischen 5,5 und 6,5; sie wächst sogar bei 85 Prozent Sand und nur 0,2 Prozent organischer Materie. Damit ist wahrlich der Beweis ihrer Genügsamkeit gegeben. Gleichzeitig schützt sie den Boden vor der heißen Sonne und den dauernden Winden, sodass er nicht verbrennt oder gar in alle Gegenden verweht wird. Sie benötigt wenig Wasser, kann vorübergehend jedoch auch viel Nässe ertragen. Die Pflanze könnte zum Symbol Westafrikas werden. Oder: Ohne Cowpea überleben weder Boden noch Mensch in Westafrika. Gerade deshalb sollte man sich ihrer Geschichte bewusst sein.

Heute ist die Kunst der Zwischenpflanzung beinahe in Vergessenheit geraten. Könnte die Cowpea nicht eines Tages wieder zur wichtigsten Gemüseart der Tropen werden und zur Nahrungsversorgung der Menschen dort, sowie in ariden und semiariden Gegenden nicht nur in Afrika, sondern auch in Asien oder Zentralamerika beitragen? Forschungen sind in Ghana bereits in Gang gekommen. Auch am tropischen Forschungsinstitut in Ibadan, Nigeria, wird an einer Verbesserung der verschiedenen Sorten gearbeitet.

Die Bambara-Erdnuss

Die Bambara-Erdnuss, lateinisch *Voandzeia subterranea* (L.) Thouars, hat verschiedene Namen, etwa Congo Groundnut, Madagaskar Groundnut, Earth Pea, Baffin Pea, Nzama (Malawi), Njugo Bean (Südafrika). Sie ist jedoch keine Erdnuss im eigentlichen Sinn, sondern ein Gemüse.

Die Bambara-Erdnuss ist eine Leguminose, der Cowpea ähnlich, nur wächst sie unter dem Boden. Aber wie die Cowpea bindet sie ebenfalls Stickstoff und gedeiht auch auf armseligem und sandigem Boden. Sie erhielt aber nie die Bedeutung der Cowpea.

Die Bambara-Erdnuss ist über ganz Afrika verbreitet und hat eindeutig afrikanischen Ursprung. Vielleicht steht sie gar am Anfang der Geschichte der Pflanzenzüchtung, denn sie lässt sich leicht manipulieren. Sie kam durch die Sklaven nach den USA, wo sie heute zum Beispiel in Florida eine dekorative Gartenpflanze geworden ist.

In Afrika aß man die Bambara-Erdnuss im Gegensatz zur Cowpea selten als Bohne, sondern man stampfte sie und setzte sie als Mehl ein. Sie galt als Mehlersatz der Armen. Sie enthält 60 Prozent Kohlenstoffhydrat, 14 bis 24 Prozent Protein und 6 bis 12 Prozent Öl (das heißt, es ist unwirtschaftlich, daraus eine Ölsaat zu entwickeln).

Die Bambara-Erdnuss ist südlich der Sahara auf allen trockenen und tropischen Böden zu finden – sogar auf der Insel Madagaskar. Wir mögen heute erstaunt sein, dass afrikanische Menschen ein derart armseliges Gewächs domestizierten. Doch dabei übersehen wir meist die afrikanischen Humus- und Bodenkonditionen. Es ging nicht ausschließlich oder jedenfalls nicht immer direkt um die Nahrungsmittelproduktion (Mehl und etwas Öl), sondern auch um Schutz und Zwischenpflanzungen.

Afrikanischer Reis

Reis gehört zu Asien, so viel war bis anhin klar. Ich habe während meines ganzen Tropenlandwirtschaftsstudiums nie etwas von afrikanischem Reis gehört. Reis auf dem afrikanischen Kontinent? Da hat wohl einmal ein Sklavenhändler aus Asien ein paar Reiskörner mitgebracht und sie an der Atlantikküste ausgesät. Das war die gängige Vorstellung. Reis gehörte einfach nicht nach Afrika.

Heute kann der Agrarhistoriker dank der Genanalyse zum Wildling dieser Pflanze finden, das heißt, man kann die Pflanze studieren, aus der ein bestimmtes Agrarprodukt gezüchtet worden war. Wir haben heute ferner die Möglichkeit, aus Chromosomensätzen und Genomen Kreuzungen und Verwandtschaften dieser Pflanze abzuleiten.

Beim afrikanischen Reis konnte tatsächlich ein westafrikanischer Wildling, der vom asiatischen Wildling verschieden ist, ausgemacht werden. Das war der erste wichtige Punkt. Als Zweites erkannte man, dass die afrikanische Reiskultivierung älter ist als die fernöstliche. Das heißt, die Afrikaner konnten bezüglich Reispflanzung und -züchtung gar nicht »abschauen«; sie taten es aus sich heraus.

Kontrovers geblieben ist die Frage, ob die Reiszüchtung den Hirsekultivaren vorausging oder nicht. Ob man also erst als »Ausweg« auf die Hirse kam, nachdem vor etwa 10 000 Jahren die Saharaaustrocknung begann und dem Reisanbau ein Ende setzte.

Noch gibt es viel zu wenig Forschung in Bezug auf afrikanischen Reis. Das bedeutet, dass viele spannende Fragen nach wie vor kaum erforscht werden.

Rice in Africa (Reis in Afrika, etwa 1978) heißt ein Reader von I. W. Buddenhagen und G. J. Persley, auf den ich mit einer gewissen Resignation verweise. Die 51 Beiträge stammen alle von einer Konferenz, die vom International Institute of Tropical Agriculture (IITA) organisiert worden war. Das Lesebuch enthält keinen einzigen historischen Beitrag; es geht bloß um Produktion und Marktanteile, und Thema ist letztlich gar nicht der Reis in Afrika. Es wird kaum erwähnt, dass Reis auch einen Wildling in Afrika besaß. Von Interesse ist in erster Linie, wie (asiatischer!) Reis in Afrika vermarktet oder dorthin verpflanzt werden kann.

Der französische Botaniker Roland Portères, der unter dem Einfluss von Nikolai I. Wawilow der »Wiege der Landwirtschaft« nachforschte, entdeckte ebenfalls den afrikanischen Reis. Wie konnte so eine Kultivierung in Gang kommen? Und zeitlich noch vor dem Weizen im Mittleren Osten? War etwa Reis nach Mais die zweite Nutzpflanze im Bund menschlicher Züchtungen? Und lag die Wiege dieser Getreideart in Westafrika? Sollten die heutige Elfenbeinküste und Sierra Leone (damals noch französische Kolonien) zu den Ursprungsorten der Landwirtschaft erklärt werden? Portères kam zum Schluss, dass es zwei verschiedene Reisarten gibt: einmal die asiatische *Oriza sativa* und zweitens die afrikanische *Oriza glaberrima* Steud.

J. R. Harlan und J. M. de Wet suchten in den 1950er-Jahren nach dem afrikanischen Reiswildling und fanden ihn entlang und in der Nähe des Nigerflusses. Sie datierten die Züchtung auf rund 6000 BP, was prompt zur Konfusion in der Pflanzenwissenschaft führte. Warum sollte um diese Zeit, als der Hirseanbau voll in Blüte war, Reis am Niger gezüchtet worden sein?

Zwei Forscher asiatischen Ursprungs, T. T. Chang und N. M. Nayar, illustrieren, wie selbst in der Wissenschaft der Chauvinismus seinen Einfluss ausübt. Die beiden Forscher versuchen nämlich die Diffusionstheorie neu aufleben zu lassen und suchen nach einer Brücke zwischen Indien und Afrika. Auch beschäftigt sie die Frage, warum die zwei Urreissorten *Oriza sativa* und *Oriza glaberrima* und deren Wildlinge diploid (2n=24) sind, während alle anderen Reissorten eine tetraploide Struktur (2n=48) aufweisen. Von diesem Fakt leiteten die Forscher »natürlich« ab, dass die zwei Urreissorten evolutionär miteinander verwandt sein müssen. Eine gleichzeitige, aber unabhängige Kultivierung von Reis in Asien und Afrika wurde nicht in Betracht gezogen.

Zu den zwei Forschern am IRRI, dem Internationalen Reisforschungsinstitut auf den Philippinen, kommt ein weiterer hinzu, H. I. Oka: Was die drei eint, ist die Sehnsucht nach einem einzigen Ursprungsort *(common progenitor)* von Reis.

Der afrikanische Reis ist härter, herber und resistenzfähiger als der asiatische; der asiatische Reis ist zarter und sanfter. Der afrikanische Reis kratze die Speiseröhre; der asiatische Reis berühre sie liebevoll, sagen die Senegalesen. Das sei auch der Grund, warum Westafrikaner massenweise asiatischen Reis importieren. Die Überzeugung, dass der asiatische Reis dem afrikanischen stets überlegen sei, beruht zwar auf Vorurteilen, doch die Werbung unterstützt dieses Klischee und schätzt den afrikanischen Reis gering.

Eine gute Einführung in den afrikanischen Reis gibt das Buch von Paul Richards von 1985: *Indigenous Agricultural Revolution. Ecology and Food Production in West Africa* (Eine autochthone agrikulturelle Revolution. Ökologie und Nahrungsproduktion in Westafrika). Es zeigt, wie Reisbauern in den kleinen Flussbetten von Sierra Leone an Abhängen traditionell Reis *(Oriza glaberrima)* anbauen. Richards ist kein Historiker, historisch wird seine Beschreibung dennoch immer wieder, etwa dann, wenn einzelne Reisbauern sich erinnern, was vor der britischen Kolonisation lokal angebaut wurde und wie ihnen dann neue Pflanzmethoden und Sorten aufgezwungen wurden. »Sie nahmen uns die Freude, und das hat sich auf den Reis ausgewirkt, denn der neue Reis ist zwar afrikanisch, aber seine Seele ist verletzt«, sagen sie. Man vernimmt vom Widerstand der Bauern, liest, wie die Briten indische Landwirtschaftsspezialisten holten. Erst als alles nichts brachte, duldete die britische Verwaltung den traditionellen Reisanbau in Afrika wieder. Im Glanville-Report von 1938 dann werden die Reisbauern gelobt; man merkt ganz allmählich, wie diese Bauern den Anbau auf ökologische Methoden ausrichteten, wie sie *intercropping* das heißt gemischten Anbau betrieben, um Insekten zu kontrollieren, aber auch wie sorglich sie mit Wasser und Bewässerung (maximale Nutzung bei minimsten Ressourcen) umgingen. Überraschend war auch die breite Sortenvielfalt für Reis angesichts der verschiedenen ökologischen Gegebenheiten.

Richards fand ähnliche Reisanbaumethoden wie an den Abhängen von Sierra Leone auch im Mündungsgebiet des Senegalflusses in der Gegend von Saint-Louis sowie an gewissen Orten entlang dem Niger. In Sierra Leone besteht ein Drittel der Anbauflächen aus Hochlandreis, zwei Drittel sind Sumpfreis. Schon wegen der Regenzeit muss dieser Reis innerhalb von 85 Tagen reif werden. Der Ertrag liegt zwischen 400 und 500 Kilogramm pro *acre* (etwa eine halbe Hektare) in tieferen Lagen und etwas weniger in höheren Lagen. Reis wird in Sierra Leone bis auf 1800 Meter angebaut. Eine besondere Anbaumethode für den afrikanischen Reis sind die *estuarine swamps*, die Sümpfe im Mündungsdelta der Casamance bis nach Oberguinea und auf der Halbinsel an der Küste von Sierra Leone. Die Bauern haben dafür ein eigenes Wort geschaffen, die *estuarine cultivation*. Dieser Anbau – sagen die Umweltschützer –

zerstöre sukzessive die Mangroven. Die Einheimischen behaupten, das stimme nicht.

Das philippinische Reisforschungsinstitut meint, der Reisanbau in Afrika habe keine Zukunft. Kommt das daher, dass man die reichhaltige Geschichte des afrikanischen Reises noch nicht kennt?

Yams – die Brücke zu den Ahnen

Yams – wo immer er seinen Ursprung hat – gehört ganz einfach zu Afrika und zu schwarzen afrikanischen Menschen weltweit, die diese Knollenfrucht auch in die Sklaverei und das Exil mitnahmen und sie dort weiterkultivierten.

Mit Yams tritt denn auch die afrikanische Literatur 1958 auf die internationale Bühne. Der Ibo Chinua Achebe hat Yams in seinem ersten Roman *Things Fall Apart* (dt. *Okonkwo oder das Alte stürzt*, 1959) ein welthistorisches Denkmal gesetzt. Im Mittelpunkt der Handlung steht eine Yamsernte, deren Beginn vom Häuptling freigegeben werden muss. Chief Okonkwo weigert sich jedoch plötzlich, das zu tun, und treibt so sein Volk in die Hungersnot. Okonkwo selber und nach und nach das ganze Volk verlieren den Verstand. Okonkwo hat Angst vor dem Einmarsch der Kolonialisten und glaubt wahrscheinlich, durch die erzwungene Verhinderung der Yamsernte den Feind abhalten zu können. Aber es kommt anders: Alles fällt auseinander und zerbricht – *things fall apart*, das Alte stürzt.

Als ob sich die neuen tyrannischen Führer in Nigeria und Kamerun an diese Geschichte erinnerten, riefen sie bei großer politischer und ökonomischer Not in den 1970er-Jahren das Volk auf, Yams zu ernten und nicht gegen westliche Kartoffeln auszutauschen. Yams wird in diesen Gegenden sogar in Gedichten besungen.

Botanisch ist Yams eine sehr massive, große und feste Knollenfrucht. Für uns westliche Menschen gleicht diese Knolle einem Brot und wird daher auch Brotwurzel genannt. Afrikanische Menschen sehen in der unterirdischen Knolle eher einen Sarg. Oder ist es ein verborgenes Schiff, das die Toten zu den Ahnen hinüberfährt? In den afrikanischen Religionen spielt Yams eine zentrale Rolle – vor allem in Westkamerun bei den Beti und in Nigeria bei den Ibo, den zwei Völkern, die mit Yams assoziiert werden.

Yams wird in sechs große Arten unterteilt:

- *Dioscorea rotunda* oder weißer Yams;
- *D. cayenensis* oder gelber Yams;
- *D. alata*, als größerer Yams bezeichnet;
- *D. esculenta* oder der kleinere Yams;
- *D. bulbifera*, der Kartoffelyams;
- *D. dumetorum*, der bittere Yams.

Die ersten drei Yamsarten sind Grundnahrungsmittel in Kamerun, Nigeria, Kongo und weiten Teilen Angolas. Die drei anderen, *D. esculenta*, *D. bulbifera* und *D. dumetorum*, werden bloß bei speziellen Gelegenheiten und Ritualen eingesetzt. Mit *D. dumetorum* zum Beispiel werden in Westafrika die meisten Feinde vergiftet. Yams gehört auch zu den Voodoo-Mitteln. Und in der Yamswurzel schließlich fährt man hinüber ins Reich der Vorfahren. Der westliche Begriff »Grundnahrungsmittel« ist eindeutig zu eng, man würde besser von »Lebensmittel« sprechen.

Die agrarhistorische Forschung kennt vier Zentren oder Gegenden, die sich intensiv der Kultivierung eines bestimmten Typs von Yams angenommen haben:

- *Dioscorea alata*, der größere Yams, ist auf Mikronesien stark verbreitet und hat Afrika über die Karibik erreicht;
- *D. bulbifera*, der Kartoffelyams, hat wohl seinen Ursprung in Ostasien und kam dann über Zentral- oder Lateinamerika nach Afrika;

- *D. cayenensis*, der gelbe Yams, ist die eigentliche afrikanische Frucht und der Ausgang für die meisten afrikanischen Sorten; polyploid und sehr widerstandsfähig;
- *D. trifida*, der Kusch-Kusch-Yams, kommt als weiterentwickelte Sorte aus der Karibik zurück, nachdem sie wahrscheinlich vorher auf afrikanischem Raum ansässig war; ihr Ertrag ist eher mittelmäßig, aber die Knollenfrucht wird in der Haute Cuisine sehr geschätzt.

Mit dem deutschen Yamsexperten Peter Ay erhielt Yams einen sehr einfühlsamen Forscher. Als Erstes fragte er, warum und wozu die drei bekannten Yamsforscher, Burkill, Coursey und Alexander, ihre Charakterisierungen (s.u.) vorgenommen haben. Er selber hatte allein in Westkamerun um die 13 000 Yamssorten feststellen können und von Bäuerinnen charakterisieren lassen. Diese Yamssorten aus Kamerun passten kaum in das enge wissenschaftliche Schema. Das Volk ging bei seiner Deskription und Definition offenbar anders vor – warum nimmt die Wissenschaft dieses Wissen nicht ernst?

Die auf Yams basierende Esskultur ist sehr ausdifferenziert. Die zwei Hauptzubereitungsarten, Gari und Fufu, variieren von einem Dorf zum nächsten. Auch die Sprache kreist um diese Yamsvielfalt. Mehr als wissenschaftliche Namen geben lokale Bezeichnungen Einsicht in Tradition und Geschichte von Yams. Ay fordert die Wissenschaftler auf, statt im Labor mehr in der Küche zu arbeiten, um etwa herauszufinden, wie viele Waschungen eine gewisse Yamssorte benötigt, um entgiftet zu werden.

Bis vor Kurzem hat die westliche Welt (und dadurch beeinflusst auch die afrikanische) mehr auf andere Knollenfrüchte – Maniok (auch Kassava oder Yuca genannt) oder Süßkartoffel – gesetzt als auf Yams. Sogar der Import der andisch-europäischen Kartoffel nach Afrika ist gefördert worden. Warum wird Yams bis heute nicht weltweit als Lebensmittel anerkannt? Die FAO hat noch immer Bedenken. Sie hört zu sehr auf die Kartoffellobbys und die ethnozentrische Behauptung, dass Yams bloß lokal von Bedeutung sei.

Dem 1965 verstorbenen englischen Botaniker Isaac Henry Burkill wird nachgesagt, dass er der Erste war, der etwas Ordnung in die komplexe Welt des Yams einbrachte. Doch Burkill schuf eine ahistorische Ordnung; selbst seine Erkenntnisse über die Wanderung des Yams aus Asien heraus und über die Karibik sind ziemlich spekulativ. Es geht aber gar nicht darum, wer den Yams »erfand«. Viel spannender wird die Erforschung von Yams dann, wenn sein Auftauchen und Verschwinden an Menschen und Schicksale geknüpft werden, zum Beispiel an das Los afrikanischer Sklaven.

Heutige Yamsforscher wie Donald Gilbert Coursey und J. Alexander arbeiten an Züchtungen, um die giftigen oder herben Sorten zu verbessern beziehungsweise zu beseitigen und die Yamsproduktion einerseits auf den westlichen Markt und andererseits auch auf den neuen afrikanischen Geschmack auszurichten; denn: »Wir brauchen gar nicht so viele Sorten, wir brauchen die wirtschaftliche Anpassung.« Oder wie Alexander in den 1970er-Jahren auf einer Agrarkonferenz sagte: »Was ist der Yams ohne Markt?«

In der freien Marktwirtschaft denkt bestimmt keiner mehr daran, dass die Yamsknollen einst die Brücke zu den Ahnen bauten.

Bananen als Schiffe, Gemüse und Frucht

Überall auf dem ganzen afrikanischen Kontinent steht die Bananenstaude für sich allein oder in Büschen, beim Abwasser oder am Fluss, im Feld wie eine Wetterfahne oder als Windbrecher irgendwo an der Ecke der Hütte oder stolz im Garten.

Die Banane drückt heute etwas von der Geschichte und dem Verlangen gleich dreier Kontinente aus und ist zu einem wichtigen Teilsymbol geworden:

- In Melanesien und Indonesien waren die hohen satten Stängel mit den Blättern der Banane ein Baustoff für Boote, mit denen man hinaus und weg, hinüber zu einem anderen Land und Kontinent gelangen konnte.
- An der Suaheliküste Ostafrikas wurde die Banane auf den Sklavenschiffen in den Osten, nach Indien, Malaysia und gar China zur unentbehrlichen Nahrung; in der Geschichte und Kultur der Sklaverei ist sie zum Zeichen des Überlebens geworden.
- In Zentralamerika und der Karibik wurde die Bananensorte Gros Michel, die erste Exportbanane in die USA, zum Inbegriff der Plantagenkultur und der Ausbeutung; und dennoch wurde die gekrümmte Frucht zum Symbol der Freiheit, des freien Markts und individualistischer Freiheit.

Die Bananenstaude – ohne die Frucht – ist in Mikronesien und Indonesien beheimatet. Bevor der Archäologe und Abenteurer Thor

Heyerdahl ab Mitte des 20. Jahrhunderts nachwies, was alles mit einfachen Holzbooten und später Bananenschiffen erreicht werden kann, und so die These stützte, dass die Indonesier auf Bananenstaudenbooten nach Madagaskar gelangen konnten, meinte die Wissenschaft, dass die Banane über Indien auf den afrikanischen Kontinent gelangt sei. Dafür gab es jedoch keine Beweise, auch wurde die Banane weder in Indiens heiligen Schriften noch im Alten Testament erwähnt. Heute nimmt man an, dass die Banane vor etwas mehr als 2000 Jahren Madagaskar erreichte.

Der Bananenbusch wird bis zu zwei Meter hoch und verbreitet einen angenehmen Schatten. Schon diese Eigenschaft machte ihn beliebt. Hinzu kam, dass sich mit den Blättern und Fasern gut Boote bauen ließen. Die Bananenstaude ist auch Teil der mikronesischen Mythologie und Kultur. Es gibt klare Hinweise darauf, dass bestimmte Götter auf Bananenstauden in den Wolken fahren.

Die Urbanane ist diploid und findet sich wild überall in Südostasien und auf den pazifischen Inseln. Die *Eumusa spp.* wird zytotaxonomisch so definiert: $2n = 2x = 22$. Es existieren 13 bis 15 Spezies, wovon die zwei bekanntesten *Musa acuminata* und *Musa balbisiana* sind. Eine dieser Spezies gelangte nach Äthiopien. Wie und wann und warum das geschah, weiß niemand. Und deshalb ist auch *Ensete ventricosum*, der Bananenstock, der in Äthiopien zum Gemüse gemacht worden ist, bis heute eines der großen botanischen Geheimnisse geblieben (siehe dazu die Geschichte »Ursprung in Äthiopien«).

Um von der diploiden zur triploiden Grundlage zu gelangen, wurde von der *Musa acuminata* das A-Genom und von der *M. balbisiana* das B-Genom oder in einigen wenigen Fällen das AB-Genom genommen. Auf dieser Basis konnte nun weiterexperimentiert werden. Die Banane blieb auf dem afrikanischen Kontinent klein und bescheiden, wenig süß und eher versteckt. Sie wird mehr als

Kochbanane denn als Frucht betrachtet. Ganz anders, protziger, kommt sie im zentralamerikanischen Raum – als A'A'A'-Triploid – daher. Diese Banane ist verdoppelt und verstärkt, nicht jedoch intensiver und vertiefter im Geschmack.

Das Potenzial und die Widerstandsfähigkeit der Banane liegen in der Gleichzeitigkeit von Parthenogenese (eingeschlechtliche Fortpflanzung) und Sterilität. Diese Eigenschaft macht die Banane leicht kultivierbar.

Ab 400 nach Christus entwickelte sich entlang der Ostküste Afrikas die Suahelikultur, eine Handelskultur, die vor allem auf Sklaven (Pagen genannt) und Gewürze spezialisiert war. Die Händler benutzten schon vor 2000 Jahren Madagaskar als wichtige Basis. So sind sie wohl auch auf die Banane gestoßen.

Die afrikanische Banane ist klein und kann auch grün mitgenommen werden. Das machte sie im Osten des Kontinents als Sklavennahrung nutzbar. Man begann, die Banane zu züchten, denn wie später im Westen Afrikas hatten auch die Sklaven Ostafrikas eigene Nahrung zum Überleben mitzubringen. An der Westküste war die Banane um 1500 herum noch nicht bekannt. Daher kam dort Mais in Frage.

Man nimmt heute an, dass es im Zusammenhang mit dem afrikanischen Sklavenhandel zur Kultivierung der Bananenfrucht kam; diese benötigte – im Gegensatz zur bloßen Bananenstaude – eine triploide Genomstruktur. Eine solche Entwicklung beziehungsweise Bananenfruchtzüchtung fand im heutigen Uganda statt, von wo auch am meisten Sklaven abgeholt wurden. Dass die Bananenkultur viel mit Bantu zu tun hat, lässt sich leicht nachweisen, denn die Banane spielt in der Baganda-Mythologie und -Oratur eine wichtige Rolle. Das Auftreten der neuen Bananenfrucht geht in eins mit dem ersten Bantukönig Kintu. Es scheint, dass die Ankunft der Bantu auf ihrer Wanderung von Zentralafrika nach Uganda mit dem Beginn der Bananenzüchtung zusammenfällt. Uganda ist auch heute noch das Land mit der größten Bananenvielfalt. Dazu drei Beispiele: Matoko ist die nicht reife Kochbanane; Gonja röstet man; und aus Mbidde entsteht das Bier, das sogar der Islam als Nahrungsmittel und nicht als Alkohol anerkennt.

Bis heute hat die Archäologie wenig zur Geschichte der Banane beitragen können. Hat das auch mit dem relativ jungen Alter der Banane zu tun? In Zukunft, wenn man auch Kotreste DNA-mäßig untersuchen kann, wird sich dies (vielleicht) ändern. Wenn man sich international mehr um die afrikanische Banane gekümmert und ihr mehr Respekt gezollt hätte, hätte man viel Hunger auf dem afrikanischen Kontinent vermindern können. Doch stattdessen wurde der anderen Sklavennahrung, dem Mais, zu viel Gewicht gegeben.

Mais – der Agrarkolonisator Afrikas

Noch Ende der 1950er-Jahre wurde allen weißen Missionaren in Afrika von Ethnologen beigebracht, dass Mais das Grundnahrungsmittel dieses Kontinents und tief in der lokalen Kultur verankert sei. Auch wir im damaligen Rhodesien glaubten es und waren später enttäuscht, als unsere Studenten an den Mittelschulen in Rhodesien, Malawi, Sambia und Kenia Sadza oder den täglichen Maisbrei verachteten. War das etwa ein Zeichen dafür, dass sie ihre traditionelle Kultur hinter sich lassen wollten? Zu denken gab uns jedoch auf den zweiten Blick, dass die lokale Sprache, Shona, keine Wortvielfalt für Mais kannte – und dass die vorhandenen Worte unter Suahelieinfluss entstanden waren. Suaheli jedoch ist assoziiert mit Sklavenkultur und einem asiatisch-mittelöstlichen Handelskolonialismus in Ostafrika.

Auch die europäischen Farmer im südlichen Afrika hätten niemals Hirse angebaut, weil diese Getreidesorte als Cash Crop, als Exportsaat, nicht infrage kam und zu wenig ertragreich war. Es musste unbedingt Mais sein – Maisfelder so weit das Auge reichte. Mais, um die Afrikaner und die Schweine zu füttern, während die Farmer selber keinen Mais aßen. Woher kamen alle diese Kulturkonflikte rund um den Mais?

In der Agrargeschichte wurde bis 1966 gelehrt, dass der Mais über die Araber zu den Afrikanern gekommen sei. Die Forschung war damals noch sehr unsicher und beinahe ahistorisch im Agrarbereich. Wir Schweizer nahmen zum Beispiel als selbstverständlich an, dass unser Maisgericht, der Ribel oder Türgga respektive Türk, in den Kreuzzügen vom Osmanischen Reich bis ins Rheintal und nach Norditalien kam.

Doch wie erklärt man sich dann die Präsenz von Mais auf den afrikanischen Sklavenschiffen?

Kurz nach meinem Agrargeschichtsexamen 1966 erschien das historische Buch von Marvin P. Miracle, *Maize in Tropical Africa* (Mais im tropischen Afrika). Miracle kam nicht von der Tropenagronomie her, sondern hatte die Sklavengeschichte studiert. Er ging der Frage nach, wie die Sklaven bei der Überfahrt von der afrikanischen Westküste nach Südamerika oder der Karibik »gefüttert« wurden. Eine Frage führte zur nächsten. Man gab den Passagieren Mais, doch woher kam der Mais? Mais war doch mexikanischen Ursprungs; wie kam er denn an die Westküste Afrikas? Bald tat sich dem Historiker eine ganze tragische Geschichte auf.

Auf der Suche nach einer billigen Verköstigung bei der Überfahrt kam man auf Mais, nur schon deshalb, weil seine Körner gut haltbar und größer waren als die anderer Getreide. 1508 entschieden sich einige portugiesische Reeder und arabische Sklavenhändler für die Ernährung mit Mais und luden bei der Rückfahrt Mais in den vier Häfen ab, von wo Sklaven verschifft wurden, nämlich in Gorée (Senegal), Porto Novo (Benin), Douala (Kamerun) und Luanda (Angola). Jedem Hafen entsprach eine Sklavenroute ins Innere des afrikanischen Kontinents. Da die gejagten Opfer auch noch für ihre eigene Ernährung sorgen mussten, verbreitete sich der Mais auf diesen Sklavenrouten tief ins Landesinnere.

Miracle ist all diesen Routen nachgegangen und hat die interessanten Daten verarbeitet. Er fand zum Beispiel, dass im Osten Afrikas, wo die Banane dominierte, die Maiskultur sehr spät eindrang.

Nach Kenia kam Mais erst etwa um 1905, obwohl heute Mais dort eine Monokultur ist. Dieser Prozess fand zur selben Zeit auch in Tansania statt.

Im südlichen Afrika haben die Europäer Mais als Handelsware oder Cash Crop eingeführt, denn er ist gut auf großen Farmen anzupflanzen. Dieser Mais war gelb. Von dorther kommt die Abneigung vieler Afrikaner südlich der Sahara gegen gelben Mais. Gelb steht für Sklaverei und neuerdings auch für Nothilfe aus den USA oder der EU. Südafrika hat daher sehr früh auch einen weißen Mais gezüchtet, um den Mais von der Schande sozusagen reinzuwaschen.

Nach Miracles Studie wurde die geschichtliche Verortung von Mais deutlicher: Mais ist eine Pflanze aus der Neuen Welt und hat dort ihren Ursprung. Mais basiert auf der mexikanischen und guatemaltekischen Teosinte, deren Züchtung vor etwa 28 000 Jahren begann und die daher bei Weitem das älteste Getreide der Welt ist. Mais erreichte Afrika über den Sklavenhandel als Nahrung auf den Schiffen und aufgrund der Anordnung, dass jeder Sklave seine Nahrung (oder einen Teil davon) selber mitbringen musste. Vor Einführung des Maises starben neun von zehn Sklaven auf dem Transport (gemäß einer Quelle von 1501). Nach der Einführung des Maises konnte ein arabischer Chronist 1530 schreiben: »Dank dem Mais, diesem Wundergetreide aus der Neuen Welt, konnten unsere Händler Tausenden das Leben retten.«

Nur einen Punkt ließ Miracle ungeklärt: Im 14. Jahrhundert wollen die Portugiesen einen »afrikanischen Mais« gesehen haben. Sie gaben ihm den Namen *milho zaburro*. Spätere Untersuchungen von Pflanzenbiologen, die die neue Gentechnologie nutzen konnten, deuteten darauf hin, dass sowohl Portugiesen als auch Araber (von denen es ebenfalls Hinweise auf früheren Mais gab) Sorgho und Mais verwechselt haben mussten. Die Sorghoähre sieht nämlich – auch in der Farbe – dem Mais sehr ähnlich. Zur Konfusion hat auch beigetragen, dass die Türken 1517 Ägypten eroberten und dort den Mais einführten. Es gab Verordnungen an die Bauern, die besagten, dass es ihre Pflicht sei, für das Militär Mais anzupflanzen. Wie erwähnt: Über die Türkei kam Mais als *grano turco* nach Italien – und als Türggen-Ribel in die Schweiz.

Es ist erstaunlich, wie eine Pflanze, die von außen kam, innert kurzer Zeit einen ganzen Kontinent erobern und sich als Grundnahrung etablieren konnte. Kenia zum Beispiel hat den Mais nach nur hundert Jahren Bekanntschaft zur nationalen Pflanze erklärt, und Mais ist dort als Monokultur allgegenwärtig. Dasselbe gilt auch für Tansania, Malawi und Simbabwe, wo Mais, wie der Schriftsteller Lewis Nkosi sagt, als »General aller Nahrungsmittel« gilt. Man kann sicher sein, dass es sich in all diesen Fällen um weißen Mais handelt. Darf man deshalb schon behaupten, dass der Mais afrikanisiert ist? Ist er bereits auch ein Lebensmittel geworden?

Elemi, der Schutzbaum Afrikas

Mit einem der wichtigsten Bäume in der westlichen Sahara und in der Savanne Westafrikas konnten die westlichen Menschen nichts anfangen. Es handelt sich um *Canarium schweinfurthii*, den afrikanischen Buschkerzenbaum oder Elemi, auch schwarze Olive Afrikas oder weißer Mahagoni genannt. Dass dieser Baum so viele Namen in so verschiedenen afrikanischen Gegenden hat, ist ein Hinweis sowohl auf sein Alter als auch auf seine Beliebtheit. Nur ein paar Beispiele: In Kamerun wird der Baum Abel, in der Elfenbeinküste Aielé, in Ghana Bediwunua oder Eyere, in Uganda Mwafu genannt.

Die Kolonialisten nahmen wohl zur Kenntnis, dass Baobab und Akazien für Afrikaner eine große Bedeutung haben, doch den *Canarium schweinfurthii* übersahen sie. Seine multifunktionale Bedeutung für die lokale Bevölkerung entging ihnen ganz. Ein alter senegalesischer Bauer in der Umgebung von Thiès versuchte, einem deutschen Agronomen diesen Baum so zu erklären: »Der Elemi von Uganda (so bezeichnete der Mann den Canarium-Baum) wird bis zu fünfzig Meter hoch, und fünfzig Nutzungsweisen hat dieser Wunderbaum. Er ist stets der Schirmbaum; wenn die anderen Bäume nicht so hoch wachsen, passt er sich an. Er wächst nicht über andere hinaus. Er ist ein Schutzbaum.«

Verschiedene Elemi-Familien oder -Sorten werden über ganz Afrika hinweg erwähnt, in Angola, Äthiopien, Ghana, Guinea-

Bissau, Kamerun, Liberia, Mali, Nigeria, Senegal, Sierra Leone, Sudan, Tansania, Togo, Uganda und Sambia. Der Baum gedeiht bei Niederschlägen zwischen 900 und 1400 Millimeter. Er ist bis auf 1000 Meter über Meer anzutreffen.

Der Baum gehört zu den Balsambaumgewächsen (Burseraceae) und enthält eine zähflüssige und sehr aromatische Gummiflüssigkeit. Das Elemi-Öl verbreitet einen ziemlich süßlichen Geruch. Beim Verbrennen strahlt das Öl fast einen Weihrauchgeruch aus. Die Frucht ist solide und schwer aufzubrechen; sie eignet sich gut als Teil von Handkettenschmuck. Schon allein diese Eigenschaften machten Elemi beim Volk attraktiv. Das Öl zumindest war auch bei Europäern und Arabern bekannt, denn Räucherwerk jeglicher Art liebten sie alle; vom Baum, der den Geruch produzierte, wussten sie jedoch fast nichts, und das machte dieses Öl weltweit geheimnisvoll.

Der afrikanische Elemi krönt alles und wird zum schützenden Dach des Waldes. Der Baum überragt die meisten anderen Waldbäume und endet doch bescheiden genau dort, wohin die höchsten der anderen Bäume wachsen. Der Elemi streckt sich schnurgerade nach einer massiven Wurzelabsicherung, die bis zu 4,5 Meter Umfang haben kann. Er erhält, je älter er wird, eine immer zähere und massivere Rinde. Vom bräunlich-rötlichen Innern strömt ein Terpentingeruch aus. Der ölige Saft wird bei einer Bevölkerung, die alles zu nutzen versucht, sogar als Lampenöl verwendet.

Die Blätter sind zwischen 15 und 45 Zentimeter lang, zu 8 bis 12 Paaren zusammen gruppiert und von unten nach oben kleiner werdend. Die Frucht ist eine kleine, 3 bis 4 Zentimeter lange und 1 bis 2 Zentimeter dicke, bläulichviolette Steinfrucht. Sie sollte nach dem Fallen sofort aufgelesen und verarbeitet werden. Die Samen versteinern und werden fast unzerstörbar hart. Sie werden daher heute zu wichtigen Spuren und Zeugen vom Umgang des Menschen mit seinen Bäumen. Solche Samen wurden nachweislich im Kot von Elefanten und Nashornvögeln verbreitet.

Bis vor Kurzem nahm die Dendrologie (Baumwissenschaft) an, dass der Canarium seinen Ursprung auf den Molukken oder den Philippinen hat; der Name Canarium wurde denn auch von der Molukkensprache abgeleitet. Heute gibt es erhebliche Zweifel an dieser Theorie. Als Kompromiss wurde in der Zwischenzeit ein arabischer Ursprung (im Arabischen bedeutet Elemi oben und unten in einem) propagiert. Die europäischen Kolonialisten sahen im *Canarium schweinfurthii* etwas Nutzloses, Primitives; interessiert waren sie bloß an einer möglichen Verwertung des Parfüms, das aus dem Baum gewonnen werden konnte. Man erkennt die Unbeholfenheit im Umgang mit dem Baum noch heute, wenn man etwa im populären Internetlexikon Wikipedia nachschaut: Elemi hat da keine Geschichte, keine kontinentale Differenzierung, keine afrikanische Bedeutung; man kreist um Baumharz, Räucherwerk, ätherisches Öl und einen leichten Hauch von Weihrauch.

Wahrscheinlich gibt es mehrere Ursprungsorte und mehrere Züchtungen. Bis anhin ist die Dendrologie solchen Fragen kaum nachgegangen man hielt eine Nutzung, geschweige denn eine Züchtung von wilden Waldbäumen für eine verrückte Idee.

Der afrikanische Canarium scheint älter zu sein als die fernöstliche Variante. Die vielen afrikanischen Bezeichnungen wurden eingangs bereits erwähnt. Dazu kommt nun, dass die Archäologie afrikanische Canariumbäume in mehreren westafrikanischen Grabungen (besonders auch in den Höhlen) gefunden hat. Sowohl in Nokhöhlen als auch in Kintampohöhlen wurden Canariumnüsse gefunden; diese wurden registriert, aber konnten nicht gedeutet werden. Die Archäologen – etwa Bernhard E. B. Fagg in seiner 1972 veröffentlichten Analyse der Ausgrabungen der Nok-Shelters – glaubten gar an die Zufälligkeit ihrer Anwesenheit.

Paul Pélissier, der uns bereits bekannte Sererspezialist und sahelische Baumexperte, hat *Canarium schweinfurthii* nicht nur ernst genommen, sondern seine kulturelle Bedeutung für die Serer erkannt. In seiner 920 Seiten langen Studie von 1966 finden sich über fünfzig verschiedene kleinere und größere, bedeutungsvolle und nebensächliche Nutzungsmöglichkeiten. Ich greife einige seiner Feststellungen heraus:

- Der Baum steht nicht mit anderen Nutzpflanzen im Wettbewerb und eignet sich sehr gut für Zwischenpflanzung.
- Wegen seines symmetrischen Astwerks ist er ein idealer Baum zur Einsäumung von Alleen – er dient als Schmuck und als Schattenspender.
- Die Serer ließen auf gerodetem Land oft die Canariumbäume stehen; sie sollten Schatten spenden und den Wind brechen.
- Die Blätter des Canarium konnten vielseitig genutzt werden: vom Viehfutter bis zum Belegen der Schlafstätten.
- Das Canariumholz war beliebt zum Bau von Speichern oder Schuppen, weil man annahm, der Geruch des Holzes würde schädliche Insekten abhalten.
- Canarium diente der Malariaprophylaxe. Mücken mögen den Geruch nicht.
- Es gibt vielfältige medizinische Anwendungen; etwa 20 verschiedene Hinweise sind erwähnt. Pélissier schreibt, dass wohl jede Familie im Serergebiet ihr eigenes Rezept hatte.
- Man benutzte die gummige Flüssigkeit zum Flicken von Töpfen.
- Man kannte Anwendungsmöglichkeiten zum Färben; vor allem wurde das Terpentinöl den Farben beigemischt, um sie länger haltbar zu machen.
- Man gab den Leichen bei der Beerdigung Canariumholzstücke bei – sowohl wegen des Wohlgeruchs als auch als Zeichen des Weiterlebens nach dem Tode.

Wir haben hier ein Beispiel, dass auch Bäume große agrargeschichtliche Bedeutung haben können. Sie werden genutzt und verändert, gepfropft und geschnitten, gezüchtet und durch andere Methoden, etwa durch den Einbezug von Tieren, von Vögeln bis Termiten, von Elefanten bis Kühen, den menschlichen Bedürfnissen angepasst. Wohl 10 000 Jahre lang ist der *Canarium schweinfurthii* mit den Menschen und ihrer Geschichte mitgegangen und diente je nach Bedürfnis der Menschen einmal diesem, ein andermal jenem Zweck. Besonders in Westafrika, bei den Serern, aber auch rund um den Sambesi ist der Baum ein fester Bestandteil der menschlichen Geschichte geworden.

Die Kultur des Marulabaumes

In der Agrargeschichte der letzten 12 000 Jahre gab es im südlichen Afrika überall dort, wo Menschen sich ansiedelten, auch den Marulabaum. Man fand seine Früchte in den Kintampo-Höhlen, und die Forscher waren etwas ratlos; denn sie wurden auch in anderen Höhlen oder Felsvorsprüngen gefunden. Betrachtet man diese Funde etwas vernetzter, dann könnte der Agrarhistoriker zur Frage vorstoßen, ob etwa das, was bis anhin entweder naiv oder despektierlich als Sammlerkultur hingestellt wurde, eher eine Baumkultur gewesen war.

Im Zählen der Funde waren die südafrikanischen Archäologen gut, und so kann man der unglaublichen Zahl vertrauen, die allein für die Pomongwe-Höhle in Simbabwe zu einer Schätzung von 24 Millionen gegessener oder benutzter Marulafrüchte kommt.

Im südlichen Afrika ist der Marulabaum in den Savannen stark verbreitet, doch konnten die Weißen damit nicht viel anfangen. Sie spotteten über die kleinen und im Kern etwas schleimigen Früchte.

Marula, wissenschaftlich als *Sclerocarya birrea* taxiert, wurde von den Europäern als Pflaumengeleebaum, Katzendorn oder Mostbaum bezeichnet. In Simbabwe haben sowohl Shona wie Ndebele je nach Wuchs, Standort, Größe und Anwendung der Früchte und der Rinde des Baums mehrere Bezeichnungen. In Südafrika wird der Marulabaum oft Elefantenbaum genannt.

Marula gehört zur Familie der Sumachgewächse oder Anacardiaceae, also in die Nähe von Mango, Cashewnuss oder Pistazien. Marula gehört weiter zur Ordnung der seifenbaumartigen Gewächse und ist eine eigene Art.

Dieser Baum liebt die offene Savanne oder Steppe. Er kann bis zu 15 Meter hoch werden und hat einen Stammesdurchmesser von 80 Zentimeter. Die Rinde ist silbrig grau. Die unbehaarte Steinfrucht ist bei der Reife gelb und etwa 3 bis 3,5 Zentimeter lang. Schon bei mäßigem Niederschlag bringt der Baum eine beachtliche Ernte mirabellengroßer goldgelber Früchte hervor. Das Fruchtfleisch schmeckt etwas säuerlich, wird eher gelutscht als gegessen, denn die Fruchtschicht sitzt sehr eng und fest am Stein, so als wollte diese Substanz den Fruchtstein schützen.

Die Marulafrüchte, das darf man heute sagen, gehörten im südlichen Afrika und wohl auch in gewissen Teilen Westafrikas zu den Grundnahrungsmitteln. Man konnte die Frucht für Mus und Marmelade benutzen; man konnte Teile der Rinde mahlen und in Soßen einsetzen. Marulafrüchte eigneten sich auch als Fleischmarinade.

Die Früchte dienten außerdem zur Herstellung eines Getränks. Sie verderben zwar rasch und kommen schnell zur Gärung. Dem Resultat daraus wird aphrodisierende Wirkung nachgesagt – die so stark sei, dass sogar Elefanten umkippen und gen Himmel entschweben. Diese Redeweise wurde von Europäern wörtlich genommen, bis die wissenschaftliche Forschung nachwies, dass der »betrunkene Elefant« eine Legende ist.

An einer Verwendung der Früchte haben auch die Weißen Geschmack gefunden, nämlich am Amarulalikör, dieser war jedoch nicht eine neue Erfindung, sondern auch bei den Venda, Ndebele oder Shona bekannt.

Die Samen sind hoch proteinreich; sie werden Brei oder Soßen beigemischt, um die Gesundheit zu unterstützen. Aus den gepressten Samen entsteht ein Öl für die Körperpflege, das sexuell stimulierend wirken soll.

Die Rinde war sowohl ein wichtiges Antimalariamittel als auch ein Heilmittel, das zur Kontrolle von Malariaanfällen eingesetzt wurde. Die Rinde konnte außerdem zum Malen genutzt werden; denn aus ihr wurde eine rotbraune Farbe hergestellt. Man erforscht gegenwärtig, ob eine solche Marulafarbe bei den Felsmalereien eingesetzt worden war.

Und die Blätter? Sie wurden gekaut; das gehörte zum Alltag und war selbstverständlich wie der heutige Kaugummi. Man nutzte sie auch bei Verstopfung; wenn man zu aufgeregt war, wurde den Blättern eine beruhigende Wirkung auf das Herzklopfen nachgesagt.

Ein Marulabaum steht selten allein im Feld. Er gehört ins Lowveld oder in die Savanne und ist sehr oft von folgenden vier Dornen- oder Baumgewächsen umgeben:

- vom Baobab, der auch dem Europäer bestens und oft als einziger Baum Afrikas bekannt ist;
- von der Kamel- oder Giraffen-Dorn-Akazie, die dornig, doch sehr nützlich für den Boden ist;
- vom dunkelgrünen Mopani mit harzigen Samen und einem starken Terpentingeruch des Harzes. Die Gattung *Colophospermum* kommt nur im südlichen Afrika vor. Die Mopani variieren in der Größe zwischen 4 und 18 Meter. Zusammen mit Kameldorn (Akazie) und dem Ahnenbaum *Combretum imberbe* bildet der Mopanibaum die Dreiheit des Brennholzes im südlichen Afrika. Das harte, rötliche Holz wurde auch für den Haus- oder Kraalbau und zur Einhegung benutzt. Die Eisenbahnschwellen in dieser Gegend stammen von diesem harten, termitenresistenten Holz, das immer wieder im Boden von Höhlen gefunden wurde;
- vom Fieberbaum *(Acacia xantophloca)*, der zur Unterfamilie der Mimosengewächse und in die Familie der Hülsenfrüchte gehört;

der Fieberbaum wächst sehr gerne in sumpfigen Gegenden entlang dem Limpopo. Die ersten europäischen Siedler glaubten, diese Bäume seien die Ursache von Malaria.

Die Dreierkombination von Nutzpflanzen, auch von Bäumen, in einem bestimmten Habitat ist meist sekundär, das heißt sie wurde von Menschen entwickelt. Man findet auch in der Sahelzone immer wieder Dreierpaarungen. Warum? Die Forschung kennt noch keine Antwort. Doch das Vorhandensein der Kombinationen zwingt uns, nie nur einen Baum, eine Pflanze allein zu betrachten. Nicht nur dem Umgang der Menschen mit den Bäumen, ihren Rinden, Blättern und Früchten müssen wir – besonders in Afrika – mehr Beachtung schenken als bisher – auch das ökologische Zusammenwirken der Baumkombination hat seine Geschichte.

Haustiere ohne Häuser

Eine eigenständige Haustierzüchtung wurde Afrika, diesem »hauslosen« Kontinent, lange Zeit nicht zugestanden. »Ein Nomade kann keine Kühe züchten; er holt sich das Vieh auf Raubzügen«, stellte der britische Veterinärarzt der kenianischen Kolonialverwaltung 1904 lapidar fest. In Afrika selber behaupten verschiedene Völker bis heute, dass es bloß ein einziges – nämlich ihr eigenes – »Urvieh« gebe. Ein Bekannter von mir aus dem Hirtenvolk der Masai glaubte noch zu Beginn seines Veterinärstudiums 1968, dass alle Kühe in Afrika, ja auf der ganzen Welt von den Masai-Kühen abstammten, die aus dem heutigen Sudan, auf der Suche nach neuen Weiden, mitgenommen worden waren. Die Pokot im Keriotal in Kenia glauben noch immer dasselbe von ihrem Vieh. Alles Vieh dieser Welt sei entweder von ihnen gestohlen worden oder entlaufen oder als Brautpreis einmal verschenkt worden und nicht wieder zurückgekehrt.

Eine eigene vielfältige Tierdomestikation in Afrika kann auch das Standardwerk *The Origin of the Domestic Animals of Africa* zu den afrikanischen Haustieren von Helmut Epstein nicht sehen. Das zweibändige, fast 1300 Seiten lange Werk von 1971 hängt einer Diffusionstheorie mit hamitischer Ableitung an. Auch Epstein geht wie der eingangs zitierte kolonialistische Veterinär davon aus, dass »nomadisierende Stämme« keine Zeit zum Züchten gehabt hätten.

Eigentlich geht also auch er von der These aus, dass das afrikanische Haustier »entlaufen und nicht zurückgekehrt« sei.

Dabei hat beinahe jedes afrikanische Viehzüchtervolk seine eigene Rasse. Die Vielfalt ist unglaublich: kurze oder lange Hörner, großes oder klein gewachsenes Vieh, Hufformen, Hautfarbe, eher auf Milch oder Fleisch ausgerichtet… All das hätte wirklich Anlass zu tieferem Nachdenken sein können.

Heute ist die Ahnungslosigkeit der Forscher zu Ende; sie finden endlich aus der bloßen Blut- und Rassenanalyse und den damit verbreiteten Seuchen- und Verbreitungstheorien hinaus. Heute können DNA-Analysen erstellt und Chromosomensätze zusammengestellt und der Viehbestand weltweit verglichen werden. Man kann ruhig sagen: Endlich kann die Domestikation von Haustieren seriös studiert werden. Damit verblasst die Theorie, dass in Afrika – oder sonst wo auf der Welt – die Menschen bloß kopiert und keine eigene Geschichte gemacht haben.

Zu lange sind die Forscher von einem Urochsen oder Urpunkt ausgegangen, von wo dann alles weiterfließt und sich verbreitet. Man übersah dabei weitgehend die Möglichkeit der Kreuzung oder des Crossbreeding. Die Domestikation und Zucht von Tieren ist nie ein rein biologischer Vorgang. Die jeweilige Kultur, ja sogar die Psychologie – zum Beispiel unsere Tierliebe – spielen ebenfalls eine wesentliche Rolle. Man begreift, dass etwa die Größe der Tiere und selbst Hornformen von menschlichen Wünschen und Vorstellungen langfristig mitgestaltet werden können.

Die Züchtung hat auch sehr viel mit dem ökologischen Umfeld zu tun. Sie dreht sich etwa um die Frage, ob und wie man ein Rind auf Resistenz gegenüber bestimmten Krankheiten (Rinderpest, Trypanosomiasis, Maul- und Klauenseuche) »einstellen« kann. Warum wurde zum Beispiel das Huf-Zebu so stark und widerstandsfähig gegenüber den meisten Krankheiten?

Die Briten gingen auch in dieser Frage von dem ethnozentristischen Vorurteil aus, dass ihre aus Europa mitgebrachten Kühe gesünder seien als die afrikanischen Tiere. Sie gaben dem afrikanischen Vieh sofort die Schuld an jeder Seuche; so mussten die Masai anlässlich der Rinderpestkatastrophe von 1889 bis 1892 alle ihre Kühe abtun. Noch 1980 löste der Schweizer Veterinärdoktorand Urs-Peter Schachenmann einen diplomatischen Konflikt aus, weil er das Narokvieh im Masailand als gesünder, kräftiger und widerstandsfähiger einschätzte als die von den Briten eingeführte Rasse.

In den 1980er-Jahren entstanden sowohl in Nairobi als auch in Addis Abeba Ableger des International Livestock Research Institute (ILRI). An diesen Forschungsstellen wird ziemlich interdisziplinär gearbeitet. Teamleader war zu Beginn Olivier Hanotte. Man begann mit einer großräumigen genetischen Bestandesaufnahme der Haustiere in Afrika. Leicht wird den Wissenschaftlern die Arbeit nicht gemacht, denn das Studium des eigenen Viehs wird von den heutigen Regierungen Afrikas wie ein Bankgeheimnis gehandhabt.

Im Jahr 2000 erschien der richtungsweisende Reader mit dem Titel *The Origins and Development of African Livestock. Archaeology, Genetics, Linguistics and Ethnography* (Die Ursprünge und Entwicklung des afrikanischen Viehbestandes. Archäologie, Genetik, Linguistik und Ethnografie), zusammengestellt von Roger M. Blench und Kevin C. MacDonald. Bereits der Untertitel weist auf die Vernetzung dieser neuzeitlichen Forschung hin; Dutzende von Beiträgen weisen Epsteins Erklärungen definitiv der Kolonialzeit zu.

Im April 2002 fasste die weltweit beachtete Wissenschaftszeitschrift *Science* die Fakten zusammen, von denen in Zukunft die Züchtungsforschung auf dem afrikanischen Kontinent auszugehen hat. Der folgende aktualisierte Forschungsstand ist Zeichen eines Neubeginns:

- Haustiere, ob Kuh, Ziege oder Schaf, wurden an verschiedenen Orten und zu verschiedenen Zeiten unabhängig voneinander domestiziert.
- Genetik und Archäologie weisen auf eine größere Vielfalt in der Tierzüchtung auf allen Kontinenten hin, als bisher angenommen wurde.
- Die Bedeutung des Mittleren Ostens bezüglich Züchtung muss eingeschränkt werden, weil dort vor 10 000 Jahren noch immer große Flächen mit Eis bedeckt waren.
- Man darf im ostafrikanischen Raum einen gewissen Einfluss von der arabisch-asiatischen Seite in Betracht ziehen; kaum jedoch von Ägypten.
- Für Domestikationen von Nord nach Süd oder umgekehrt geben die Felsmalereien wichtige Hinweise, die nun vermehrt auf diese Information hin analysiert werden sollten.
- Ein Rätsel geben die Khoi-San-Kühe auf: Woher stammt ihre Domestizierung? Man nimmt nicht an, dass es »wildes Vieh« in diesem Raum gab.
- Das Peul- oder Fulani-Vieh muss vermehrt sowohl migratorisch (von Senegal bis Nordnigeria in permanenter Transhumanz) als auch historisch studiert werden. Ein diesbezüglich vielleicht bedeutsames Peul-Sprichwort sagt: »Vieh und Mensch wurden vom gleichen Gott domestiziert. Beide kommen von *hier* und nicht von *außen* (oder aus der Fremde).«
- Bei der Analyse und Geschichtsschreibung der Tierzüchtung sollten die innerafrikanischen Migrationen viel mehr einbezogen werden. Zum Beispiel: Bantu wanderten südwärts im Westen über Angola in den Caprivizipfel hinein, wo sie auf Khoi stießen. Eine andere wichtige Route: Luo zogen mit Vieh südwärts und stießen auf Bantu, die ebenfalls neben dem Ackerbau Vieh hielten.

- Die Züchtung von Haustieren begann wohl vor der Kultivation von Pflanzen.
- Auch in Afrika wurde sehr wahrscheinlich zuerst der Hund domestiziert.

Bei diesem Neubeginn geht es nicht darum, statt nach einer europäischen nun nach der afrikanischen Urkuh oder dem Urschaf zu fragen. Wichtig ist, dass die Neuorientierung eine kulturell-historische Dimension erhält.

Das Pferd der Sahel

40 000 Menschen hoch zu Pferd, zwei Tonnen Gold in Stangen und Staubform – so begab sich der malische Herrscher Kankan Mussa 1320 zum Hadsch nach Mekka, berichtet die Chronik des *Tarik es Sudan* (um 1350 nach Christus). Und der Bericht geht weiter: Alle Menschen in Ägypten und Arabien seien ob der kleinen Pferde erstaunt gewesen. Tarik erwähnt auch den Gründer des Malireichs, Sundiata, der in seiner Jugend ein Pferdezüchter gewesen sein soll. Der Mekkabericht endet mit einer überraschenden Bemerkung: »Die Pilger kehrten auf Kamelen heim.« Eine Begründung gibt Tarik dafür nicht. Waren etwa die Kamele als Reisemittel billiger? Oder waren diese Malipferde sofort so gesucht, dass sie mit Gewinn verkauft werden konnten? Hatte der Transportwechsel etwas mit dem Islam zu tun? Edle Pferde waren bei der arabischen Oberschicht sehr beliebt; hat diese Schicht etwa die kleineren malischen Pferde belächelt?

Wie auch immer, die abendländische Geschichte vergaß diese Pferde. Und unser »kundiger« Gewährsmann Epstein tut den Bericht einfach als »Sage« und als »typische Übertreibung« ab. Oder er weicht auf eine andere Möglichkeit aus: »Es können nur Berberpferde gewesen sein.«

Auf den afrikanischen Höhlenzeichnungen tauchen zwar immer wieder Pferde auf, doch wurden diese als mythologische Wesen hingestellt; Abbé Henri Breuil sah in den Pferdeabbildungen ein Fortwirken der persischen, griechischen und hellenistischen Mythologie. Die deutsche Geschichte des Pferds ihrerseits greift auf die mongolischen Wüstenvölker und die Hunnen aus Sibirien zurück und schildert ausführlich, wie diese wilden Völker auf großen Pferden ins Abendland einritten.

1980 erschien unter dem Titel *The Horse in West African History* (Das Pferd in der Geschichte Westafrikas) eine Studie über die Rolle des Pferdes in vorkolonialer Zeit. Autor war der schottische Professor für afrikanische Geschichte Robin Law, Lehrbeauftragter an verschiedenen nigerianischen Universitäten und Mitherausgeber von *The Journal of African History.* Law benutzt alle ihm zugänglichen islamischen Quellen, achtet extensiv auf Linguistik und geht oralen Traditionen nach. Er ist kein Veterinär, auch kein Haustierzüchter, und er stützt sich stark auf Epstein – aus welch anderer Quelle hätte er sich um 1980 auch Referenzwissen holen können?

Law kann belegen, dass das Pferd schon vor dem Islam in der Sahelzone vorhanden war. Selbst wenn das Pferd erst bei der Ankunft des Islam aus Arabien eingeführt worden wäre, hätte es wahrlich viel mehr Zeit zur Anpassung an eine andere Umwelt und in eine andere Kultur benötigt. Das Sahelpferd besitzt nämlich einen kleineren Körper als die übrigen Pferde, es wurde deshalb mehrere Male als ein Verwandter der Ponys bezeichnet. Dieses Pferd ist zwischen 140 und 150 Zentimeter hoch, hat ein Gewicht von 300 bis 325 Kilogramm, ist sehr hitzeresistent und genügsam. Arabische Pferde hingegen brauchten mehr und ein anderes Futter als das Sahelgras. Dieses Spezialfutter wurde für eine bestimmte Oberschicht mit arabischen Pferden nachweislich importiert und hieß im Volksmund »das Heu des Libanon«.

Arabische Reisende erwähnten das Pferd bereits im 9. Jahrhundert als »ein Tier, das zum afrikanischen Alltag gehört«.

Auch in der ganzen westafrikanischen Linguistik rund ums Pferd finden sich kein arabischer Einfluss und keine arabischen Lehnwörter. Auch kein europäisch-westlicher Einfluss war feststellbar. Diese Sachlage überprüfte Law besonders in Sierra Leone, wohin die Engländer die »befreiten« Sklaven zurücktransportiert hatten. Aus allem vorliegenden Material zieht Law folgenden Schluss: »Pferdehaltung und Pferdezucht sind im ganzen Mittleren Gürtel Westafrikas eine alte Tradition, bestimmt vorislamisch und sogar vorrömisch.«

Um weiter und tiefer in die Geschichte hinein zu forschen, begann Law das Material der Felsmalereien zu besichtigen. Damit betrat er eine auch zeitlich ganz andere Dimension. Kurz vor 1980 begann die Welt der Wissenschaft mit der sukzessiven Redatierung auf dem afrikanischen Kontinent. Die neuen Daten betrafen vor allem den Süden, weil die westlich orientierte Forschung dort keine eigenständige Entwicklung und Geschichte angenommen hatte. Daten, die vor 1985 festgelegt wurden, kann man heute kaum mehr verwenden. Sicher ist momentan, dass seit etwa 10 000 Jahren Pferde auf den afrikanischen Höhlenzeichnungen vorkommen. Eine bestimmte Verwandtschaft der Bilder im südlichen Frankreich, in den Pyrenäen und in Nordafrika war für Law unübersehbar. Schlüsse wagte er daraus noch keine zu ziehen.

Momentan zeigt es sich, dass das Berberpferd nur entfernt mit dem Malipferd verwandt sein kann. Ein Einfluss von Ägypten her ist mit großer Sicherheit auszuschließen, denn das Malipferd hat bestimmt keine arabischen Gene, aber die Pferdezeichnungen haben auch keine Ähnlichkeit mit den heutigen saharisch-sahelischen Pferden. Vieles weist auf eine eigene Zucht hin.

Die Wissenschaft hat sich geöffnet. An der ETH Zürich gilt heute folgende Hypothese: Falls das Pferd einen asiatischen und einen europäischen Ursprung hat, warum nicht auch einen in Afrika?

Sicher ist die alte Einteilung fragwürdig, die die folgenden drei Rassen als Basis aufführt: das arische Pferd, das arabische Pferd und das mongolische Pferd.

Einer der frühesten Pferdehistoriker war der Deutsche J. Ulrich Duerst. Schon um 1900 herum entwickelte er Hypothesen, denen man heute wieder mehr Bedeutung beimisst. Er schrieb von frühen Pferdetypen: in den Wäldern, am Rand der Wüsten, in den Steppenzonen und auf den Bergen. Vielleicht ist dieser eher ökologische Ansatz bedeutsamer als der isoliert genetische.

Das älteste archäologische Zeugnis der Existenz von Pferden in Afrika stammt aus dem Felsunterstand bei Rop auf dem Plateau in Nordnigeria. Dort wurde ein Pferdezahn gefunden, der bloß schätzungsweise datiert worden ist. Weitere Pferdeüberreste – einige Knochen – wurden in der Adamawa Provinz (Wuro Dawudu) schon 1931 sichergestellt; sie stammen – nach der damaligen Datierungsweise – aus dem 1. Jahrtausend vor Christus.

Die Pferdeforschung trifft in Afrika immer noch – oder wieder – auf Widerstand. Der junge und tüchtige Höhlenforscher Ibn Ahmed aus Tunesien sprach 2007 am Schweizer Radio von der andauernden Forschungsbehinderung im Maghreb. Als besonders sensible Gebiete nannte er die Pferdeforschung und die Deutung der Höhlenbilder im Maghreb und in Westafrika. Er sagte: »Einst war es die Kolonialwissenschaft, die uns sagte, was wir zu finden und zu deuten hatten, heute sind es afrikanische Könige und Politiker.«

Kennt Afrika seine Kuh?

Bis vor Kurzem hätte keiner ernsthaft zu denken gewagt, dass auch Afrika seine Kuh hat. Die Kuh gehörte zu den heiligsten Tieren der Bibel, sie gehörte wie der Weizen zum Beginn des Menschen kurz nach dem Verlust des Paradieses. Das sagte die Heilige Schrift; das glaubten abendländische Menschen; und sie waren lange Zeit der Maßstab aller Dinge.

Seitdem wir jedoch die Bibel als autoritativen Ausgangspunkt verlassen, seit wir uns vom »fruchtbaren Halbmond« als Ursprungsort weg und etwas mehr in die Welt hinaus begeben haben und seit wir uns von der auf den Mittleren Osten zentrierten Diffusionstheorie mehr und mehr abwenden oder sie zu modifizieren beginnen, hat sich auch die Geschichte der Kuh und des Viehs insgesamt verändert. Plötzlich kann gleichzeitig und unter ähnlichen Umständen in verschiedenen Gegenden der Welt Ähnliches und Gleiches nicht nur gezüchtet, sondern auch domestiziert werden. Die Forschung akzeptiert zögernd eine dritte und zwar afrikanische Variante eines Ursprungsorts der Kuh. 2008 haben Ausgrabungen in Mali, Nordkenia, im Tschadbecken und in der nigerianischen Steppe diese Hypothese mehr und mehr bestätigt.

In die Irre geführt wurde die Rinderforschung in der wissenschaftlichen Frühzeit durch den Wahn der Messung. Lange wurden die Hirnkapazitäten *(cranial capacity)* aller Rinder der Welt zu erfassen versucht, um damit – wie angenommen wurde – eine Verwandtschaft und somit Abstammungslinie feststellen zu können. Ein weiteres Studium bildeten die Hörner, ob kurz oder lang, ob wie Harfen in die Lüfte geschwungen oder eher wie Speere, und man fragte sich, ob sich etwa daraus Kämpfe aus der Evolutionszeit ableiten ließen. Ein drittes wichtiges Merkmal war der Buckel: Buckel oder keiner, das war die alles entscheidende Frage.

Bei aller ideologischen Voreingenommenheit bezüglich der Domestizierungsgeschichte war Epstein ein verlässlicher Chronist des afrikanischen Viehbestandes. Er listet alle möglichen Kühe und Rinder des ganzen Kontinents auf und beschreibt sie konzis. Er teilt die Kühe ein in Langhorn mit Buckel und Kurzhorn ohne Buckel und so weiter. Und man ist erstaunt über die Vielfalt afrikanischer Kühe. Aus heutiger Distanz ist man sofort versucht zu sagen: Solche Diversität konnte nicht aus einer einzigen Quelle kommen. Sollen denn wirklich die tschadische Kurikuh mit den Riesenhörnern, die den See braucht, weil sie der Trockenheit kaum widersteht, die Namji-Langhornkuh in Nordkamerun, die bis vor Kurzem nur sakralem Zweck diente, oder die Bambara-Kreuzung in Mali, leicht gefärbt und außerordentlich dem Boden und dem Klima angepasst, von Ägypten ausgegangen sein? Steht dahinter nicht eine Missionarisierungsidee auf Kuh-Ebene?

Die Bauern rund um den Napf und am Rand der Obwaldner und Brienzer Alpen haben drei ganz verschiedene Braunrassen entwickelt. Die eine ist dem Alpgang angepasst; ihre Klauen sind Steigeisen vergleichbar, die zweite mit etwas weniger ausgeprägteren Klauen an die steile Hügelkultur. Die Entlebucher Kuh hat die flachsten Klauen und passt eher ins Tal. Zu diesen drei Braunen kamen die Emmentaler Flecken. Vier Kuhtypen gab es auf kleinstem Raum. Afrika zeigt uns dasselbe Züchtungsmuster: Es gibt kleinräumige Viehkulturen, weil es stets eine neue Anpassung brauchte, um nicht nur überleben, sondern einigermaßen lustvoll leben zu können.

Afrikanische Viehbauern waren noch mehr als ihre Kollegen am Napf an Schmuck und Schönheit interessiert; der Stellung von Hörnern und dem Geweih etwa wurde eine fast religiöse Bedeutung zugemessen. Bei andern Viehzuchtvölkern war die Haut ganz wichtig: hell oder gefärbt, gezeichnet und wie der Spiegel einer weiteren Welt. Wichtiger noch als die Milch war oft der Kot, denn Kuhmist war das Beste für diese kargen und salzigen Böden und das Geheimnis ihrer erstaunlichen Fruchtbarkeit. Eine ganz wichtige Rolle spielten Kuh und Ochs als Zugtiere; man stellt dies vor allem in Westafrika fest.

Seit man sich von veralteten Datierungen gelöst hat, begann man auch die alten Felszeichnungen der Sahara neu zu analysieren und stellte fest, dass sie vor 12 000 BP entstanden sein müssen, also dann, als die Sahara noch fruchtbar und feucht war. Im ganzen Wüstengebiet fielen an Felsen und in Höhlen die vielen Kuh- und Kalbmotive auf. Diese Menschen mussten doch ein Vorbild für diese Zeichnungen gehabt haben, folglich gab es die Kuh früher, als bisher angenommen wurde.

In den letzten 30 Jahren wurde die Geschichte des Viehs viel komplexer und auch spannender. Man hat realisiert, dass die viehzüchtenden Menschen weltweit ähnliche Gedanken, Absichten und Ziele hatten. Aus einem Interventionismus von oben und Kreationismus ex nihilo waren wir nun mit menschlicher Geschichte auch im Tier- und Pflanzenreich konfrontiert.

In den letzten Jahren kam die Genanalyse dazu. Man hatte schon lange damit gearbeitet, doch nun drang man immer tiefer in die Chromosomenstruktur ein. Ganze Teams forschten zusammen. Hervor gingen die bekanntesten Arbeiten von Daniel G. Bradley zusammen mit David E. MacHugh, Patrick Cunningham und Ronan T. Loftus. 1996 veröffentlichten sie *Mitochondrial Diversity and the Origin of African and European Cattle* (Mitochondrienvielfalt und der Ursprung der afrikanischen und europäischen Kühe). Seither tauchen diese Namen in Forschungsberichten immer wieder auf. Ihre Bilanz ist heute klar: Es gibt einen dritten und zwar afrikanischen Ursprung des Rinds.

Gleichzeitig stellte Bradley (und die anderen bereits erwähnten MacHugh, Cunningham, Loftus) mit der Mitochondrienanalyse neue Bezüge zwischen Europa und Afrika und umgekehrt her, es gibt also sogar einen Einfluss aus Nordafrika auf Europa. Aufgrund des heutigen Wissensstandes könnte man gar die These wagen, dass Afrika früher als Europa Rinderzucht betrieb. Eine Domestikation in der früheren Sahara schließen Bradley und seine Kollegen heute nicht mehr aus.

Ein afrikanischer Mitursprung, das heißt eine eigene Kuhdomestikation, gilt seit Kurzem als gesichert. Man wird die Masai-Kühe in Kenia/Tansania und die Borana-Kühe in Äthiopien/Nordkenia und auch die Fulani- oder Peul-Hirtenzüchter neu und anders und nicht bloß als nebensächlich in die Landwirtschaftsgeschichte miteinbeziehen müssen.

Studiert man die Rindergeschichte, fällt auf, welche Lust und Freude Viehzüchter – männliche wie weibliche – am Kreuzen, Isolieren, an besonderer Pflege, Futterproben und so weiter gehabt haben müssen. Von dieser Perspektive aus versteht man die große Liebe des Pastoralisten zu seinem Vieh.

Die afrikanischen Rinder werden hochaktuell mit ihrem besonderen Erbgut, ihrer gezüchteten, außerordentlichen Anpassungsfähigkeit an Klima, Hitze oder Kühle der Nacht, an die Trockenheit und an mannigfaltig gemischtes Futter. Mit der seriös erarbeiteten Geschichte lebt die afrikanische Kuh neu und stolz auf. Sie ist nicht einfach ersetzbar; sie hat zusammen mit dem Menschen seit Jahrtausenden in diesen Gegenden gelebt, und beide haben sich dem Gegenüber immer wieder angepasst. Die Geschichte auch der afrikanischen Kuh geht weiter.

Die Geschichte der Geschichten

In gewissem Sinn spiegelt diese afrikanische Agrargeschichte in Geschichten meine Biografie ab 1966.

Damals habe ich bei einer Prüfung in Anthropologie und Agrargeschichte an der Northwestern University in Evanston bei Chicago darauf gepocht, dass Afrika eine Agrargeschichte haben muss, die hinter die Kolonialzeit zurückreicht. Einer der examinierenden Professoren bemerkte sinngemäß: »Sie haben nicht begriffen, was Landwirtschaftsgeschichte ist; Sie sprechen ideologisch und nicht wissenschaftlich. Afrika ist von Nomaden bevölkert, und Nomaden kennen keine Landwirtschaft. Kurz und gut: Sie sind bei der Prüfung durchgefallen. Ich sehe Sie beim nächsten Versuch wieder.«

In meinem Zorn rief ich aus: »Von dem Augenblick an, wo es Menschen auf dieser Erde gab, mussten sie essen. Diese Nahrung musste organisiert sein, und somit existieren seit Beginn der Menschheit Agrarkulturen.« Ich konnte nicht weiterfahren, denn die zwei Professoren standen auf, verließen den Raum und ließen mich in meiner Wut sitzen.

Diese Szene hat mein Leben verändert. Ich setzte nun alles daran, zu beweisen, dass Afrika eine von den Europäern unabhängige Agrargeschichte hat. Ich begann, nachzudenken, nachzuforschen, nachzusuchen. Ich habe kurz danach angefangen, mit der Unterscheidung zwischen Agrarkultur (im deutschen Sprachraum), Agriculture (im angelsächsischen Raum), Landwirtschaft und Agrobusiness zu arbeiten. In dieser ausdifferenzierten Begrifflichkeit lebt Geschichte und Entwicklung.

Zunächst war die Agrarkultur eine das ganze Leben umfassende Tätigkeit – vom Gebet bis zur Ernte. Heute hat man das meiste Kulturelle daraus verbannt und die Tätigkeit spezialisiert, sodass Agrikultur mehr und mehr zur Land-Wirtschaft, also zur Ökonomie wurde. Der Prozess der Entfremdung setzte sich fort, und ein Teil dieser Landwirtschaft wurde zum Agrobusiness. Nahrungsmittel wurden nun wissenschaftlich, technisch und fabrikmäßig produziert und verkauft und zu Bargeld oder Cash gemacht – Cash Crops heißen die auf den Markt und Export ausgerichteten Agrarprodukte auf Englisch. Der ursprüngliche Aspekt, die Nahrung, wird beiseitegeschoben; nicht mehr das Lebensmittel zählt, sondern Geld und Profit.

Wenn Institutionen von der UNO bis zur Welthandelsorganisation WTO, von der Weltbank bis zu vielen privaten Hilfswerken heute über afrikanische Landwirtschaft nachdenken und reden, meinen sie primär Exportprodukte, also Cash Crops. Es geht um Rohstoffpreise und Devisen, mit denen letztlich niemand den Magen füllen kann und satt wird. Wenn eine Regierung von Landwirtschaftsprodukten redet, meint sie längst nicht mehr die Versorgung der Menschen, sondern die Staatskasse. Daher haben wir bei den Debatten über den Hunger in der Welt eine derartige Konfusion. Es ist nicht mehr klar, was eigentlich anvisiert wird, und so gibt es trotz Produktionssteigerung immer mehr Hunger, aber auch mehr Überschüsse. Denn Nahrung geht nicht mehr direkt zu den Menschen, sondern schlägt sich als marktfähiges Produkt über die Grenzen hinweg mit Zöllen und Handelshindernissen herum.

Doch 1966 war nicht bloß für mich persönlich ein Wendepunkt, 1966 war auch ein historisches Datum für die Agrargeschichte. Damals gründeten wir Agrarwissenschaftler ausgerechnet in Chicago den Zweig des Ecofarming innerhalb der Landwirtschaft. Die Idee stammte von vier deutschen Forschern: Kurt Egger, Bernhard Glaeser, Sigmar Groeneveld und Rudolf Buntzel. Egger und Glaeser waren gerade beim agrikulturellen Experimentieren in den Usambara-Bergen in Tansania. Mit dabei war auch René Dumont, der etwas später das ganze Agrarkonzept der tansanischen Ujamaa-Bewegung kritisch unter die Lupe nahm. Die Ecofarming-Bewegung setzte sich ab vom Biolandbau, denn dieser erschien uns zu sehr dem engen Raum verhaftet, zu wenig in vorhandene soziale und ökologische Kontexte eingebettet.

Teil dieser Bewegung war auch Ivan Illich, der zuvor an der Fordham University in New York mein Professor gewesen war. Mit ihm zusammen philosophierten Groeneveld und der Österreicher Bernhard Heindl sowie noch zwei Japaner und zwei Brasilianer, an deren Namen ich mich nicht mehr erinnere, von denen ich jedoch noch immer weiß, dass sie sich auf eindrückliche Weise mit Aqua- und Permakulturen beschäftigten. Das exzentrischste Mitglied war wohl die Biologin, die auf New Yorks Straßen Humusgewinnung und den Anbau von Gemüse versuchte.

Mit den meisten dieser Personen und vielen mehr bin ich bis heute in Kontakt geblieben. Daraus entwickelte sich ein weltweites Netz. Darauf habe ich meine afrikanische Agrarforschung abgestützt und andere – etwa die im Buch erwähnten Erika Styger und Almut Hahn – zu diesem Forschungsansatz motiviert. Ich habe in über dreißig wissenschaftliche Bereiche auf der ganzen Welt hineingeschaut, um Agrargeschichte wirklich in aller Breite zu erfassen – von der Hydrologie bis zur Klimatologie, von der Archäologie und Biologie bis zur Linguistik, Religionswissenschaft und Esoterik. Alle meine Bekannten bat ich um Benachrichtigung, wann immer sie in ihrem Bereich etwas entdeckten, das für die Agrargeschichte ausgewertet werden könnte. Und so habe ich seit 1966 eine Bibliografie von inzwischen gegen 4000 Titeln zusammengetragen. In der Vergangenheit schrieb ich alle Titel von Hand auf die damals üblichen Karteikarten, denn eine elektronische Erfassung gab es noch nicht. Parallel dazu führte ich eine eigene Kartei mit Stichworten. Auch diese befindet sich auf meiner Homepage.

1966 wurde zum Beginn eines weltweiten kritischen Nachsinnens im Bereich der Landwirtschaft. Auf der einen Seite gab es in Indien die ersten Ernten der grünen Revolution, die von ersten, zwar nur zaghaft geäußerten kritischen Bedenken gegenüber dem Agrobusiness begleitet waren. Stets hieß es, dass der Sieg über den Hunger Vorrang habe und dass jegliche Kritik an den Methoden der grünen Revolution zurückzutreten habe, solange Menschen nicht genug zu essen hätten. In den 1960er-Jahren fand aber auch der Eintritt der Frauen in die Agrarwissenschaft statt, und zwar gleich aufmüpfig, mit feministischer Soziologie. Die Thesen von Veronika Bennholdt-Thomsen, Maria Mies und Claudia von Werlhof, die alle an der Universität Bielefeld arbeiteten, klangen provozierend. Die Folge davon war, dass zunächst alle drei Frauen nach der Habilitation nicht angestellt, sondern aus Bielefeld vertrieben wurden.

1967 kam ich nach Afrika, ins damalige Rhodesien. Neben meiner Vorbereitung (Erlernen der Shona-Sprache) auf die spätere Arbeit als Mitarbeiter der Mambo Press (Gweru) begann ich sofort agrarhistorische Forschungen. Was für einen Reichtum an Agrargeschichte es in diesem Land gab:

Zunächst begeisterten mich die konischen Mauern einer alten Kultur, heute Great Simbabwe genannt. Dieses Bauwerk war so eindrücklich, dass es damals noch hieß, Afrikaner hätten so etwas niemals fertiggebracht. Die Mauer musste nach dieser Auffassung im Auftrag der Königin von Saba oder gar von König Salomon gebaut worden sein.

Ganz in der Nähe befand sich Gokomere, wo man ebenfalls Zeichen einer alten Kultur gefunden hatte. Obwohl dort eine wichtige Mittelschule stand, wusste niemand etwas über diesen Ort. Selbst die Missionare der Schule kümmerten sich nicht um die vergangene Kultur, weil sie glaubten, afrikanische Geschichte gäbe es ganz einfach nicht.

Überall in dieser trockenen Gegend gab es den Baobab, einen Baum, der nicht nur mich außerordentlich faszinierte und zum Dichten anspornte. Man sagte, dass dieser Baum bis zu tausend Jahre alt werden konnte, doch das kümmerte die Weißen, die in Afrika stets Europäer genannt werden, und somit die Wissenschaft nicht. Für Missionare war er zudem ein gefährlicher Baum, denn er war umgeben von Geheimnissen und Ritualen, die die überzeugten Christen als Aberglauben empfanden.

Genau zu jener Zeit füllte sich der Kariba-Damm. Die Engländer hatten ein gewaltiges Stauwerk zur Stromerzeugung vornehmlich in Sambia gebaut. Einige Archäologen aus Großbritannien und sogar aus den USA nahmen an, dass sich ausgerechnet auf diesem Gelände eine der ältesten afrikanischen Kulturen befunden hatte, eine Vor-Bantu-Kultur. Doch Weiße wie Missionare waren unbedarft, weil beide sich weder um Geschichte noch alte Kleinvölker kümmerten, und daher trauerten sie der Überschwemmung damals nicht nach. Im letzten Moment hat man dann noch einige eilige archäologische Forschungen getätigt.

Matobo war ein weiteres magisches Wort. Für die Weißen (schwarze Wissenschaftler gab es noch kaum) war das Matobogebirge das große Symbol des Kolonialismus, denn hier auf der Höhe ist Cecil Rhodes, der Eroberer und Visionär vom Kap bis Kairo, begraben. Der Berg ist umgeben von der größten Höhlenmalereikultur der Welt. Für die Weißen wies das auf eine magische und mysteriöse Zeit hin, denn nach damals gängiger Ansicht konnten diese Malereien gar nicht von afrikanischen Menschen stammen. Zudem glaubten sie, dass diese Relikte von Felsenkunst bloß etwa 2000 Jahre alt seien. Ich selber habe 1967 vor südafrikanischen (Apartheid-)Wissenschaftlern behauptet, diese Kunst müsse um die 30 000 Jahre alt sein, zudem seien die Bilder laufend übermalt worden, also eine Geschichte in Fortsetzungen. Heute habe ich recht bekommen.

In der ganzen Gegend gibt es reichhaltig den Marulabaum. Die Weißen verachteten diesen Baum als wertlos. Für mich stellte er Fragen. Es konnte doch nicht bloß Zufall und Sinnlosigkeit sein. Doch um 1967 war die Archäologie weder an Früchten und Kot noch an Kernen und Nussschalen interessiert.

Man sieht in dieser kurzen Skizze auch, dass ich in diesem Milieu und Zeitgeist vieles weder wissen noch erfahren konnte. Ich war ein Suchender und ein Zweifler. Doch meine Fragen interessierten niemanden.

Die Schwarzen wurden von den Weißen angesteckt, auch sie wollten nicht mehr an den »alten Zauber« glauben; sie wollten partout modern werden. Auch im landwirtschaftlichen Bereich galt: Wer zur Schule ging, lernte nichts über die eigene Geschichte, sondern übernahm die koloniale Verachtung der afrikanischen Vergangenheit.

In Rhodesien wurden damals die europäischen Großfarmer bewundert; auch die jungen Landwirtschaftsstudenten wollten industrielle Großlandwirtschaft haben; sie wünschten sich genau das, was sie im nördlichen und östlichen Teil des Landes sahen – industrielle Großbetriebe. Das Land wurde von den Weißen offiziell in »traditionell« und »industriell« eingeteilt, wobei traditionell rückständig bedeutete, nicht effizient. Die angehenden Landwirte übersahen, dass in den Reservaten, in denen sie lebten, wegen des Bodens und des Klimas (vorderhand) gar keine industrielle Landwirtschaft möglich war und noch immer nicht ist.

Der Kolonialismus hat also alles durcheinandergewirbelt und falsche Vorstellungen gefördert. Im Agrarbereich wurden Konzepte »exportiert«, mit denen die afrikanischen Bauern versagen mussten. Den Pflug zum Beispiel wollten die Kolonialisten überall einführen, auch dort, wo der Humus kaum fünf Zentimeter tief lag. Bäume mussten gefällt werden. Mischkulturen hatten zu verschwinden. Und so geriet der afrikanische Kleinbauer plötzlich in Ohnmacht. Modern wollte er sein, aber er konnte es nicht. Lange glaubte er an die Überlegenheit der Weißen und verfiel einem Minderwertigkeitskomplex oder jagte Schimären nach.

An neunzehn Universitäten in ganz Afrika habe ich je eine Woche lang Intensivseminare zur afrikanischen Agrargeschichte durchführen dürfen. Ich vermochte zwar Studenten zu begeistern, und sie wollten mehr über diese Geschichte erfahren. Ich versprach, eines Tages die afrikanische Agrargeschichte auf Englisch, damit afrikanische Studenten direkt Zugang hätten, aufzuschreiben und zu veröffentlichen. Als ich endlich so weit war, wollte kein afrikanischer Verlag den Text herausbringen, selbst eine finanzielle Unterstützung änderte nichts an diesem Entscheid. Von Nigeria bis Kenia, von Senegal bis Kamerun, von Simbabwe und Südafrika bis zu den USA und Großbritannien, Schweden und auch der Schweiz habe ich viele Verlage besucht – ohne Erfolg. Es gebe keinen Markt für afrikanische Agrargeschichte, hieß es überall. Damit das Projekt nicht an meinen Sprachkenntnissen scheitert, habe ich den Text von einer Weltbanklektorin edieren lassen. Auch das half nicht. Nun steht das englische Manuskript auf meiner Homepage und kann heruntergeladen und gelesen werden.

Letztes Jahr setzte ich mich nochmals an den Text. Die Geschichten in diesem Buch sind alle neu oder aktualisiert, denn die Entwicklung in der agrarhistorischen Forschung geht seit 2002 (endlich) rasant voran. Ich habe die Idee einer einigermaßen vollständigen Agrargeschichte aufgegeben und erzähle nun kleine Geschichten aus dem riesigen Kosmos afrikanischer Agrargeschichte. Diese Fenster auf Afrika zeigen einen Gesinnungs- und Denkwandel, der endlich auch Agrarkulturen und Landwirtschaft in den Entkolonisierungsvorgang einbezieht. Eine Afrikanisierung beginnt oder findet auch auf diesem Gebiet langsam statt.

Elefanten in der Sahara ist das Ergebnis der Zusammenarbeit von bestimmt tausend Menschen in den Jahren seit 1966. Ihnen allen sei tausendmal gedankt.

Bibliografie

Teil 1:
Al Imfelds Online-Bibliothek

Unabhängig von diesem Buchprojekt hat Al Imfeld im Laufe der Jahre systematisch eine Bibliografie zum Thema »Afrikanische Agrargeschichte« zusammengetragen. Diese Bibliografie versucht, alles zu erfassen, was sich dazu aus etwa 30 verschiedenen Sachgebieten ergibt. Aufgrund der Titel wurde ein Sachwortverzeichnis erstellt; dieses bietet eine Grundlage für alle, die auf diesem Gebiet weiterarbeiten möchten. Die Online-Bibliografie kann auf Al Imfelds Homepage aufgerufen werden:

www.alimfeld.ch/African_Agricultural_History/africanhistory.html

Teil 2:
10 Klassiker der Agrargeschichte

Dahl, Gudrun, *Suffering Grass, Subsistence and Society of Waso Borana in Isolo District, north and east of Mt. Kenya,* Stockholm: Stockholm Studies in Social Anhropology, 1979.

Hugot, Henri-Jean, *Le Sahara avant le désert,* Paris: Éditions des Hespérides, 1974.

Lewicki, Tadeusz, *West African Food in the Middle Ages,* Cambridge: Cambridge University Press, 1974.

Pélissier, Paul, *Les paysans du Sénégal, les civilisations agraires du Cayor à Casamance,* Saint-Yrieix: Fabrègue, 1966.

Richards, Paul, *Indigenous Agricultural Revolution. Ecology and Food Production in West Africa,* London: Hutchinson, 1986.

Sahlins, Marshall, *Stone Age Economics,* London: Tavistock Publications, 1972.

Silberbauer, George B., *Hunter and Habitat in the Central Kalahari Desert,* Cambridge: Cambridge University Press, 1981.

Turner, Victor, *The Forest of Symbols. Aspects of Ndembu Ritual,* Ithaca: Cornell University Press, 1967.

Vavilov (auch Wawilow), Nikolai Ivanovich, *Origin and Geography of Cultivated Plants* [übersetzt aus dem Russischen], Cambridge: Cambridge University Press, 1987.

Watts, Michael J., *Silent Violence. Food, Famine and Peasantry in Northern Nigeria,* Berkeley: California University Press, 1983.

Teil 3: Reader

Im angelsächsischen (und zunehmend im deutschsprachigen) Raum sind Reader ein beliebtes Studieninstrument. Ein Team von Spezialisten sucht die besten Beiträge zum gestellten Thema aus. Ein Reader bringt den Leser respektive den Studierenden auf den jeweils gegenwärtigen Stand der Forschung auf dem angegangenen Fachgebiet.

Hier sind in alphabetischer Ordnung Reader aufgelistet, die unbedingt in eine Handbibliothek einer afrikanischen Agrargeschichte gestellt werden müssen.

Blench, Roger M., MacDonald, Kevin C. [eds.], *The Origins and Development of African Livestock: Archaeology, Genetics, Linguistics and Ethnography*, London: UCL Press, 2000.

Clark, J.Desmond, Brandt, Steven [eds.], *From Hunters to Herders. The Causes and Consequences of Food Production in Africa*, Berkeley: California University Press, 1984.

Gebauer, Anne Birgitte, Price, T. Douglas [eds.], *Transition to Agriculture in Prehistory*, Monographs of World Archaeology no. 4, Madison: Prehistory Press, 1992.

Harlan, Jack R., de Wet, Jan M., Stemler, Ann B.M. [eds.], *Origins of African Plant Domestication*, The Hague: Mouton Publishers, 1976.

Ki-Zerbo Joseph [ed.], UNESCO: *General History of Africa. Vol. 1: Methodology and African Prehistory*, Portsmouth, NH, Berkeley: Heinemann Educational Books, California University Press, 1981.

Konczacki, Z.A., Konczacki, J.M., *An Economic History of Tropical Africa. Vol. 1: The Pre-Colonial Period,* London: Frank Cass & Co. Ltd., 1977.

Lee, Richard B., Devore, Irven [eds.], *Man the Hunter. The First Intensive Survey of a Single, Crucial Stage of Human Development. Man's Once Universal Hunting Way of Life,* Chicago: Aldine Publishing Co., 1975.

Mokhtar, G. [ed.], UNESCO: *General History of Africa. Vol. 2: Ancient Civilizations of Africa,* Portsmouth, NH, Berkeley, Heinemann Educational Books, California University Press, 1981.

Ranger, T.O. [ed.], *Emerging Themes of African History. Proceedings of the International Congress of African Historians,* Dar es Salaam, Nairobi: East African Publishing House, 1968.

Reed, Charles A. [ed.], *Origins of Agriculture,* The Hague: Mouton Publishers, 1977.

Robertshaw, Peter [ed.], *A History of African Archaeology,* London, Portsmouth, NH: James Curry, Heinemann, 1990.

Shaw, Thurston, Sinclair, Paul, Andah, Bassey, Okpoko, Alex [eds.], *The Archaeology of Africa: Food, Metals and Towns,* London, New York: Routledge, 1990.

Simmonds, N.W. [ed.], *Evolution of Crop Plants,* London, New York: Longman, 1976.

Swartz, B.K. jr., Dumett, Raymond E. [eds.], *West African Culture Dynamics: Archaeological and Historical Perspectives,* The Hague: Mouton Publishers, 1980.

Webster, J.B. [ed.], *Chronology, Migration and Drought in Interlacustrine Africa,* New York: Holmes & Meier Publishers, 1979.